ポドゾル性土
スポドソル
（北海道浜頓別町，
写真提供：前島）

黒ぼく土
アンディソル
（宮城県大崎市，
写真提供：前島）

沖積土
エンティソル
（宮城県大崎市，
写真提供：前島）

褐色森林土
インセプティソル
（滋賀県大津市，
写真提供：前島）

赤黄色土
アルティソル
（沖縄県国頭村，
写真提供：平舘）

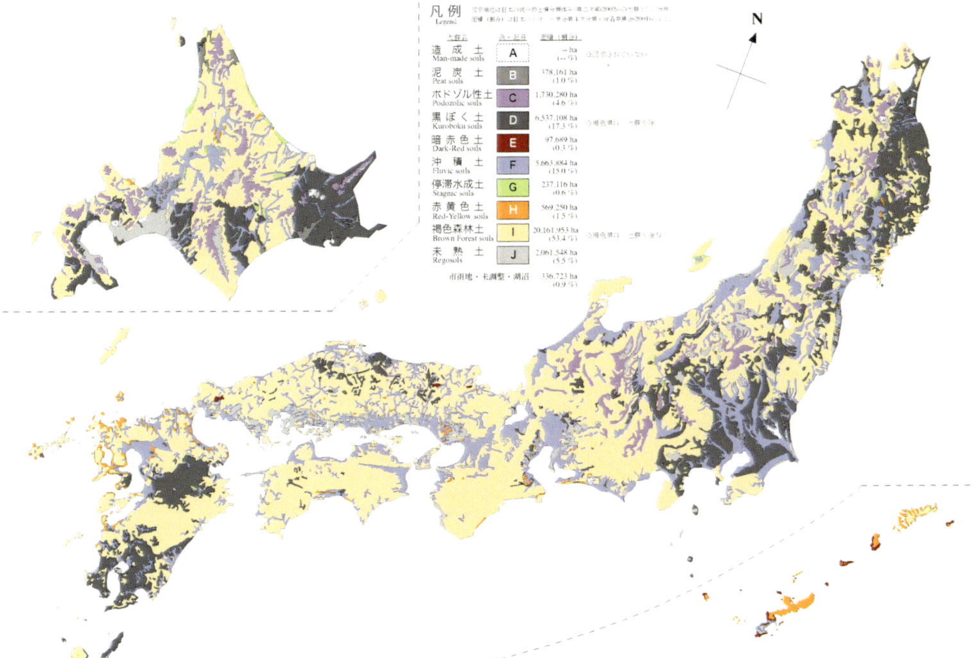

日本の土壌区分 [1-6]

アリディソル
（カザフスタン・
キジルオルダ州，
写真提供：舟川）

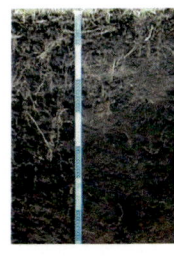
モリソル
（カザフスタン・
アルマティ州，
写真提供：舟川）

バーティソル
（カナダ・サスカチュ
ワン州，写真提供：
舟川）

アルティソル
（インドネシア・東
カリマンタン州，
写真提供：舟川）

オキシソル
（カメルーン・東部
州，写真提供：舟川）

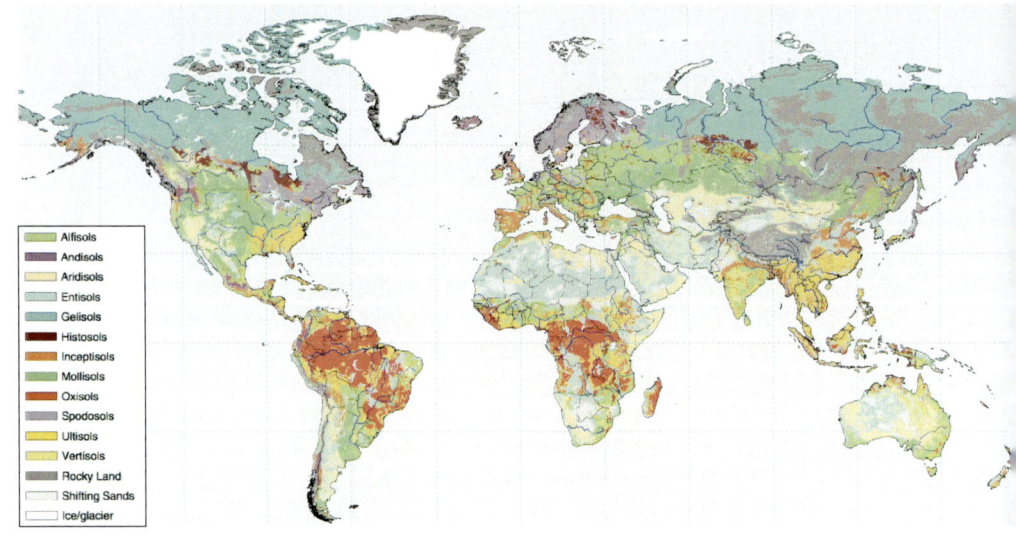

世界土壌図（USDA, Soil Taxonomy, 1999）[1-5]

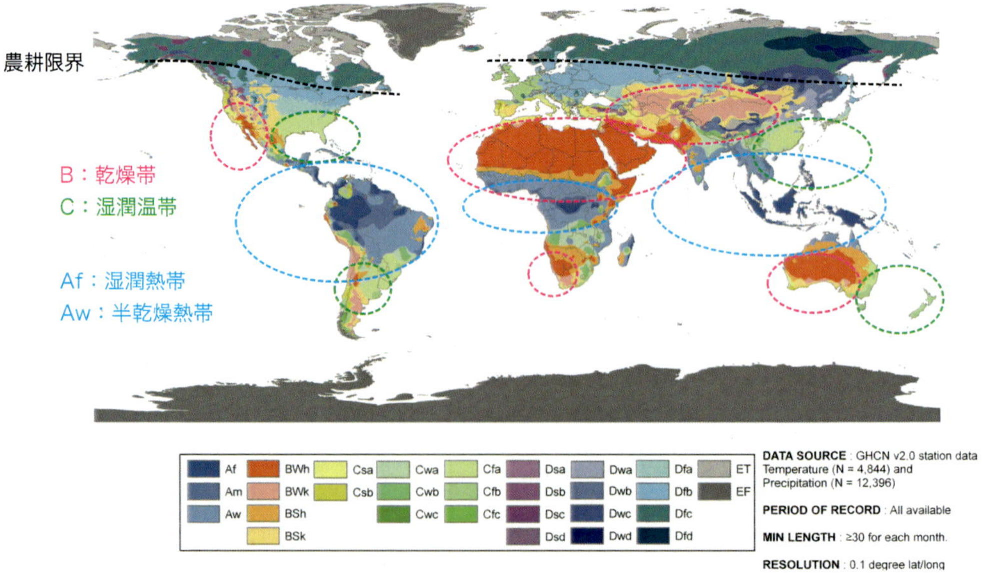

ケッペンとガイガーによる世界の気候区分（M. C.Peel *et al.*, *Hydrol Earth Syst. Sci.*, 11, 1633-1644, 2007）[1-5]

ヒストソル（泥炭土，ピート）．スコットランド．植物遺体由来の有機物だけで形成された O 層が 110cm の深さまで累積している．当地では燃える土として燃料に利用され，現在でもウィスキー原料であるオオムギの加熱乾燥などにも利用されている．[2-4]

沖縄の黄色土の土塊化 [コラム6]

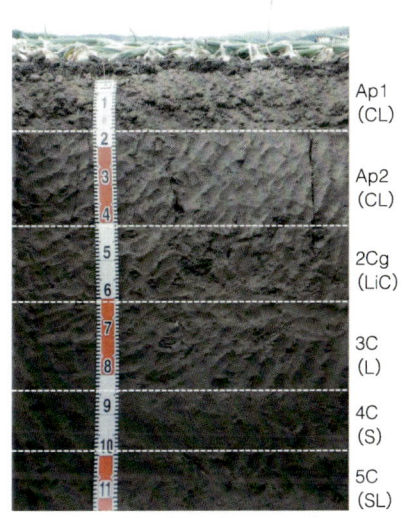

タマネギ畑の土壌断面写真 [1-2]

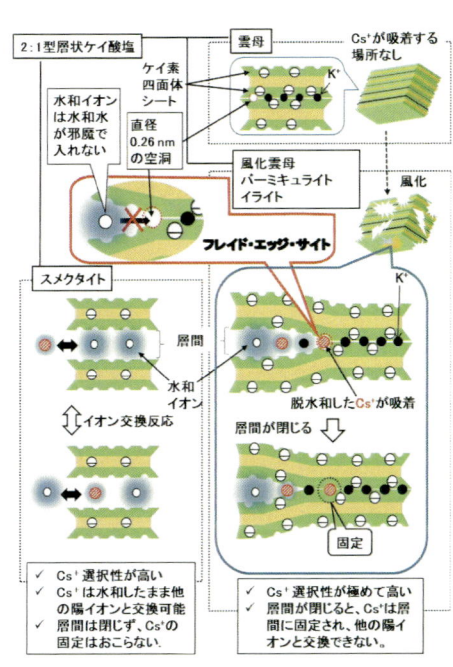

2:1 型層状ケイ酸塩によるセシウムイオンの捕捉メカニズム [5-4]

カドミウム汚染水田における土壌洗浄 [5-7]

風により飛ばされる土壌（ニジェール）[5-8]

侵食により露出した樹木の根（ニジェール）[5-8]

「耕地内休閑システム」の増収効果 [7-1]

土の ひみつ

食料・環境・生命

日本土壌肥料学会
「土のひみつ」編集グループ [編]

朝倉書店

推薦のことば

■ ■ ■

　地球人口は2012年には70億人を超え2050年には90億人に達すると予想されている．ヒトはタンパク質，糖質，脂質，ビタミン，ミネラルを不可欠な栄養素とし，これらが食料として供給される．農業は地球人口を養うべく食料を供給してきた．食料を構成する栄養素の出自をたどれば，動物性食品であれ植物性食品であれ，すべて土壌に含まれる無機元素にいたる．これら無機物は植物に吸収されて有機物に変換され，自身を養うとともに動物，微生物の栄養素となる．生物の遺体や排泄物は土壌に還って無機物に分解された後，ふたたび植物の栄養素として利用される．ヒトの食料生産はこうした地球上での元素の循環に依存し律速されていた．

　しかし，人類は植物の栄養を研究する中で，植物栄養素の濃度を高めて作物に施用すると収穫が増やせることを発見した．すなわち，ロウズが骨粉から過リン酸石灰を，ハーバーとボッシュが無尽蔵の窒素ガスからアンモニアを合成する方法を工業化すると，地球上の元素の自然の循環量を超えた食料が生産できるようになった．21世紀に至り技術開発が進み経済がますます発展した結果，飢餓の本当の原因が食料の生産不足ではなく，政治的に引き起こされる食料の偏り，食料を手に入れる経済力不足にあることが認識されはじめた．農学の課題は食料そのものの増産から，良質な食料の生産，環境に負荷をかけない食料生産の技術開発，経済活動に伴う環境劣化の修復，に向かい，21世紀の農学は他の学問領域と共同して人類の生存基盤を支える重要な基幹技術となってきた．地球はタイルのように多くの地域から成り立っており，それぞれは異なる気候，土壌，ヒトで構成されている．それぞれの地域がsustainableであり，すべての人々が幸せに生きるためには，全体を鳥瞰的に見るだけでなく，それぞれの地域が自立できる要件を見極め，必要な技術を開発すること，すなわち個から全体を見る蛙瞰的な発想に基づく地域の生存基盤の確立が求められるだろう．土壌を知ることで地域がわかる．土壌学研究者への期待は大きい．

　ここで特に付言したい．わが国の消費者は化学肥料，農薬や遺伝子組換え作物に不信感を強くもち，安心できる農産物を求める声が大きい．これは，わが国の

急速な経済発展の中で，水銀によって引き起こされた水俣病，カドミウムによって引き起こされたイタイイタイ病，そしてヒ素によって引き起こされた粉ミルク事件，土呂久鉱害事件などの食品，土壌汚染事件を経験してきたため，化学に対する不信感が特に強いのだろうと考える．これらの汚染事故こそが今日の日本の繁栄をもたらした経済発展の影の部分であり，大学や公的研究機関の権威主義によって被害が拡大したことを認識し，こうした失敗を二度と繰り返さないことで農学研究者としての責任を果たしたい．

　本書は2015年国際土壌年を記念して，土壌学にかかわる中堅から若手研究者によってまとめられた．荒削りだが土壌研究者の意気込みが感じとれる良書である．人類の生存基盤である土壌の機能の解明が進み，今後の課題が浮き彫りにされ，土壌に対する社会の理解がさらに増進されることを期待する．

日本土壌肥料学会会長　間藤　徹

はじめに

■ ■ ■

　皆さん，「土」に対してどれくらい関心をもっておられますか．忙しい現代社会に暮らす皆さんの多くは，日常生活の中ではあまり土を気にかけることがなくなっているのではないでしょうか．しかし，皆さんの関心の程度にかかわらず，土は私たちにとってかけがえのない資源であり，私たちの生活のために不可欠な様々な働きをしてくれています．すなわち，土は農業生産の基盤となり，大気や水とともに環境の要となり，かつ生命の営みにも深くかかわっているのです．この本を手にとってくださった貴方は，すでにご存じだったかもしれませんね．

　実は，今年 2015 年は，国連が決めた「国際土壌年」という年です．人類にとっての土の重要性を国連が認めたうえで，世界中の人々にもっと土について認識を深めてもらうことが緊急の課題であるという考えに基づいて設定されました．私たち人類は，世界人口が約 73 億にも達し（2050 年には 90 億にもなるともいわれています），地球環境問題をはじめ様々な問題にも直面している世界に生きています．そのため，このタイミングで土の重要性について認識を深め，土の保全に向けた取組みに対して理解を深めることは，人類や地球の未来のために，「今」私たちが行うべき大事な活動のひとつであると思います．

　本書は，「国際土壌年」にあたり，日本各地で活躍する新進気鋭の土の研究者が，それぞれの専門分野を，一般の市民である皆さんにもわかっていただけるように，心を砕いて書き上げたものです．土はなんとなく大事だとは感じるものの，何が大事なのか，どこがすごいのかよくわからない，という皆さんに，科学の目を通していろんな側面から解明が進んでいる『土のひみつ』を伝えようとする，私たちからのメッセージです．「土とはなんだろう？」「土のでき方」「土のはたらき」「食料生産と土」「環境問題と土」「多様な生物と土」「土の保全に向けて」の 7 部構成になっていますが，この順に読み進めてもらっても，興味をもったところから読んでもらっても，楽しんでいただけると思います．この本を読みはじめてくださっている皆さんが，本書を通じて，土に対する関心をより高め理解をより深めてくだされば，私たちにとってそれに勝る喜びはありません．

　最後に，今回の出版の企画の趣旨をご理解くださり，執筆から校正段階に至る

まで我々編集グループに寛大にご協力くださった，朝倉書店に深くお礼申しあげます．また，本書出版に際しては，東京農工大学（連合大学院）に，国際土壌年の理念に賛同していただいたうえで若手研究者支援のための出版助成をしていただきましたことを，感謝の気持ちとともに申し添えます．

 2015 年 8 月

日本土壌肥料学会「土のひみつ」編集グループ

編集者・執筆者

■　■　■

日本土壌肥料学会「土のひみつ」編集グループ

白戸 康人	農業環境技術研究所
豊田 剛己	東京農工大学大学院農学研究院
平舘 俊太郎	農業環境技術研究所
舟川 晋也	京都大学大学院地球環境学堂
矢内 純太	京都府立大学大学院生命環境科学研究科

執筆者

逢沢 峰昭	宇都宮大学農学部
秋山 博子	農業環境技術研究所
伊ヶ崎 健大	国際農林水産業研究センター
池永 誠	鹿児島大学農水産獣医学域農学系
石黒 宗秀	北海道大学大学院農学研究院
伊藤 (山谷) 紘子	日本大学生物資源科学部
今矢 明宏	森林総合研究所
大津 直子	東京農工大学大学院農学研究院
大塚 重人	東京大学大学院農学生命科学研究科
岡崎 伸	東京農工大学大学院農学研究院
加藤 雅彦	明治大学農学部
加藤 拓	東京農業大学応用生物科学部
角野 貴信	公立鳥取環境大学環境学部
川東 正幸	首都大学東京大学院都市環境科学研究科
菅野 均志	東北大学大学院農学研究科
木村 園子 ドロテア	Leibniz Centre for Agricultural Landscape Research
久保寺 秀夫	中央農業総合研究センター
小島 克洋	東京農工大学大学院農学研究院

佐藤 嘉則	東京文化財研究所
沢田 こずえ	東京農工大学大学院農学研究院
白戸 康人	農業環境技術研究所
真常 仁志	京都大学大学院地球環境学堂
杉原 創	首都大学東京 都市環境学部
鈴木 創三	東京農工大学大学院農学研究院
髙田 裕介	農業環境技術研究所
髙橋 正	秋田県立大学生物資源科学部
武田 晃	環境科学技術研究所
田中 壯太	高知大学教育研究部総合科学系黒潮圏科学部門
田中 治夫	東京農工大学大学院農学研究院
谷 昌幸	帯広畜産大学グローバルアグロメディシン研究センター
張 銘	産業技術総合研究所
豊田 剛己	東京農工大学大学院農学研究院
中尾 淳	京都府立大学大学院生命環境科学研究科
西澤 智康	茨城大学農学部
新良 力也	中央農業総合研究センター
丹羽 勝久	(株) ズコーシャ
橋本 洋平	東京農工大学大学院農学研究院
林 健太郎	農業環境技術研究所
原田 久富美	農林水産省農林水産技術会議事務局
平舘 俊太郎	農業環境技術研究所
藤井 一至	森林総合研究所
藤井 弘志	山形大学農学部
藤嶽 暢英	神戸大学大学院農学研究科
藤村 玲子	東京大学大気海洋研究所
舟川 晋也	京都大学大学院地球環境学堂
前島 勇治	農業環境技術研究所
前田 守弘	岡山大学大学院環境生命科学研究科
牧野 知之	農業環境技術研究所

増永 二之	島根大学大学院生物資源科学研究科
松村 昭治	東京農工大学農学部
松本 真悟	島根大学生物資源科学部
光延 聖	静岡県立大学薬食生命科学総合学府
宮丸 直子	沖縄県農業研究センター
村上 政治	農業環境技術研究所
村瀬 潤	名古屋大学大学院生命農学研究科
森 裕樹	九州大学大学院農学研究院
森塚 直樹	京都大学大学院農学研究科
矢内 純太	京都府立大学大学院生命環境科学研究科
柳井 洋介	野菜茶業研究所
山口 紀子	農業環境技術研究所
山崎 真嗣	岐阜県環境管理技術センター
横山 正	東京農工大学大学院農学研究院
吉川 美穂	産業技術総合研究所
利谷 翔平	東京農工大学大学院工学研究院
龍田 典子	佐賀大学農学部
和穎 朗太	農業環境技術研究所
渡邉 彰	名古屋大学大学院生命農学研究科
渡邉 哲弘	京都大学大学院地球環境学堂

(五十音順)

目　次

■　■　■

第 1 部　土とはなんだろう？

1-1　土とはなんだろう？ ………………………………………………………… 2
1-2　土の粒径と土性 ………………………………………………………………… 6
1-3　土の有機物 (腐植物質) ……………………………………………………… 10
1-4　土の生物 ……………………………………………………………………… 14
1-5　世界の土 ……………………………………………………………………… 18
1-6　日本の土 ……………………………………………………………………… 22
コラム 1　日本の森林は炭素を貯留する能力が高い―森林土壌における
　　　　　　火山灰の影響― …………………………………………………… 26
コラム 2　都市の土壌 ………………………………………………………… 28

第 2 部　土のでき方

2-1　土はどのようにしてつくられるのか …………………………………… 32
2-2　岩石から土への変化 ……………………………………………………… 36
2-3　土の生成に及ぼす地形の影響 …………………………………………… 40
2-4　土の生成に及ぼす気候 (温度・水分状態) の影響 …………………… 42
コラム 3　土壌生成の実際―三宅島噴火後の土壌断面の発達と植生― …… 46
コラム 4　土壌生成の実際―三宅島初成土壌の微生物遷移― …………… 48

第 3 部　土のはたらき

3-1　土壌がないと世界は？―土壌の様々な機能― ……………………… 52
3-2　電荷の発現とイオン交換 ………………………………………………… 56
3-3　土壌養分の種類・形態とその移動性・可給性 ……………………… 60
コラム 5　根圏―土と植物の相互作用の場― …………………………… 64

3-4 養分の循環——窒素を例として——・・・・・・・・・・・・・・・・・・・・・・・・・・・・・・・・・ 66
3-5 土の孔隙と保水・排水——水を吸う土・はじく土——・・・・・・・・・・・・・・ 70
3-6 土壌構造 (団粒)・・・ 74
コラム 6 土のかたさ・土のかたち・・・・・・・・・・・・・・・・・・・・・・・・・・・・・・・・ 78
3-7 微生物による有機系有害物質の分解・・・・・・・・・・・・・・・・・・・・・・・・・・・・ 80

第4部　食料生産と土

4-1 水田の土と水田システム——日本の原風景——・・・・・・・・・・・・・・・・・ 84
コラム 7 森林が支える水田土壌・・・・・・・・・・・・・・・・・・・・・・・・・・・・・・・・・・・ 88
4-2 畑の土と土壌肥沃度——緑肥の効果——・・・・・・・・・・・・・・・・・・・・・・・ 90
コラム 8 リモートセンシングを用いた土の評価・・・・・・・・・・・・・・・・・・ 92
4-3 窒素を生み出す微生物・・・ 94
4-4 チェルノゼムにおけるコムギ栽培と土壌有機物分解——農業と環境のトレードオフ——・・ 96
4-5 湿潤熱帯地域の土の特徴と持続的な農業・・・・・・・・・・・・・・・・・・・・・・・ 100
コラム 9 半乾燥熱帯の畑作地における窒素動態のヒミツ——資源の時間的再分配による増産へのチャレンジ——・・・・・・・・・・・・・・・・・・・・・・ 104
4-6 栄養不良な土壌でこそ頑張る植物がいる・・・・・・・・・・・・・・・・・・・・・・ 106

第5部　環境問題と土

5-1 温室効果ガスと土——温暖化に関する概説——・・・・・・・・・・・・・・・・ 110
5-2 土壌による炭素貯留——農地管理による地力増進と温暖化緩和——・・・・・ 114
コラム 10 水田は地球温暖化を防ぐのか？——水田の土壌炭素貯留——・・・ 118
コラム 11 水田からのメタン放出抑制技術・・・・・・・・・・・・・・・・・・・・・・・・ 120
5-3 土壌に窒素が供給されると大気中の二酸化炭素が減少する？・・・ 122
5-4 土から放射性セシウムを取り出せないのはなぜ？・・・・・・・・・・・・・ 124
5-5 セシウムの作物への移行を制御する土壌因子・・・・・・・・・・・・・・・・・ 128
5-6 農作物の放射性セシウム汚染対策のための実践的な農業技術・・・ 130
コラム 12 Cs vs CS !? セシウムと耕地土壌の闘い・・・・・・・・・・・・・・・ 134

5-7 土の重金属汚染とその修復 ・・・・・・・・・・・・・・・・・・・・・・・・・・・・・・・・・・・・・・ 136
コラム 13 土壌中の有害元素の挙動を分子レベルで明らかにする ・・・・・・・・・ 140
コラム 14 自然由来の重金属類と建設発生土の有効利活用 ・・・・・・・・・・・・・・ 142
5-8 アフリカの砂漠化にどう対処するか？ ・・・・・・・・・・・・・・・・・・・・・・・・・ 144
5-9 熱帯の土における物質循環 ・・・・・・・・・・・・・・・・・・・・・・・・・・・・・・・・・・・・ 148
5-10 土を酸性にする犯人はだれか？ ・・・・・・・・・・・・・・・・・・・・・・・・・・・・・・ 152
5-11 硝酸態窒素の畑土壌からの溶脱と地下水汚染 ・・・・・・・・・・・・・・・・・・・ 154

第6部　多様な生物と土

6-1 植物の多様性を支える土壌 ・・・・・・・・・・・・・・・・・・・・・・・・・・・・・・・・・・・ 158
6-2 見えない微生物を見る ・・・・・・・・・・・・・・・・・・・・・・・・・・・・・・・・・・・・・・・ 162
6-3 ゲノム解読からみえてくる土壌生物の姿 ・・・・・・・・・・・・・・・・・・・・・・・ 164
6-4 水田は微生物多様性の宝庫 ・・・・・・・・・・・・・・・・・・・・・・・・・・・・・・・・・・・ 166
6-5 小さいながらも大きなはたらき――土壌微生物をバイオ肥料として利用する―― ・・ 168
6-6 土壌酸化還元境界の微生物ダイナミズム ・・・・・・・・・・・・・・・・・・・・・・・ 170
6-7 微生物がサトウキビを大きくする，ってほんと？ ・・・・・・・・・・・・・・・ 172
6-8 食べて食べられお互い大きくなる，ってほんと？ ・・・・・・・・・・・・・・・ 174
6-9 土が凍るほど寒いと元気になる微生物？ ・・・・・・・・・・・・・・・・・・・・・・・ 176
6-10 カビの中に細菌がいる，ってほんと？ ・・・・・・・・・・・・・・・・・・・・・・・・ 178
6-11 鉄をも動かす微生物，ってほんと？ ・・・・・・・・・・・・・・・・・・・・・・・・・・ 180
6-12 土壌に有機物と窒素を供給する万能生物シアノバクテリア ・・・・・・・ 182

第7部　土の保全に向けて

7-1 西アフリカ・サヘル地域における砂漠化防止の最前線 ・・・・・・・・・・・・ 186
7-2 焼畑農業の過去と現在――伝統的合理性と限界―― ・・・・・・・・・・・・・・ 190
7-3 田畑輪換に伴う水田の地力低下と維持管理 ・・・・・・・・・・・・・・・・・・・・・ 194
7-4 植物を用いた重金属汚染土の浄化 ・・・・・・・・・・・・・・・・・・・・・・・・・・・・・ 196
7-5 土壌保全と土壌情報――土壌調査，土壌分類，土壌図の系譜―― ・・・・・・・ 198

7-6 土壌教育活動の重要性——「土」を学ぶと君の人生観は変わるのだ——‥202

参考図書——もっと土を知りたくなった人のために——……………205
索　　引 ………………………………………………………………207

第1部

土とはなんだろう？

1-1　土とはなんだろう？

舟川　晋也

■ ■ ■

　私たちの身のまわりには，白いさらさらの土，褐色の山林の土，あるいは園芸用に買ってきた腐葉土など，様々な色や手触りの「土」が存在する．土とは何だろう？　そこではいったい何が起こっているのだろうか？　広辞苑第6版には，以下のような説明が示されている．

　土壌とは，「陸地の表面にあって，光・温度・降水など外囲の条件が整えば植物の生育を支えることができるもの．岩石の風化物やそれが水や風により運ばれ堆積したものを母材とし，気候・生物（人為を含む）・地形などの因子とのある時間にわたる相互作用によって生成される．生態系の要にあり，植物をはじめとする陸上生物を養うとともに，落葉や動物の遺体などを分解して元素の正常な生物地球化学的循環を司る．大気・水とともに環境構成要素の一つ」．

　この説明の冒頭においてすでに，土は生物活動とのかかわりがあってはじめて土となりうることが示されている．ここでは続いて5つの土壌生成因子（母材，気候，生物，地形，時間），代表的な3つの土壌の機能（一次生産を支える機能，分解を促す機能，環境調節機能）が述べられているが，土とは何か，より実感をもって理解するために，土のでき方を少し詳しくたどってみよう．

○ 物理的基盤条件としての土壌生成因子──「母材」,「地形」,「気候」──

　5つの土壌生成因子について考えてみると，「母材」,「地形」,「気候」の3因子と他の2つの因子は少し異なった態様で土壌生成プロセスにかかわっていることがわかる．図1を参照されたい．

　「母材」,「地形」,「気候」の諸因子は，地球の活動によって与えられた所与の条件，いわば土壌生成（加えて生物活動）の物理的基盤条件（化学的条件を含む）であるといえる．「母材」因子は，地殻の運動によって，ある場所にどのような岩石（様々な風化抵抗性をもつ鉱物の集合体）が供給されたか，それは地中から直接供給されたのか，あるいは水や風の運力によって他の場所から運ばれ供給されたの

か (後者の場合しばしば粒径淘汰が顕著である),といった条件により決定され,その後の土壌生成過程における鉱物風化プロセスあるいは生態系への無機養分供給を左右する重要な生成因子である.「地形」因子は,やはり造山運動などによって与えられた陸地の凹凸であり,主として水環境および水の移動方向を規定する土壌生成の物理的初期条件の一つである.また「気候」因子は,海と陸の分布,地球の自転や公転といった,これも地球の運動によって大きくは決定づけられる,通常温度・水分にかかわる土壌生成条件である.もちろんこれらの初期条件の制約を受けて生成した土壌や生態系が,大気との間の水循環や土壌侵食を通して,逆にこれら初期条件を改変するということはあるが,その程度は限定的である.

○ 生態系プロセスと土壌生成の関連——「生物」因子とは？——

上述した3つの土壌生成因子とは異なり,「生物」因子とは,土壌生成と同様に3つの物理的基盤条件の制約を受けながら (おそらく制約の程度は気候＞地形＞母材),同時に土壌生成を促す駆動力としてはたらく生態系プロセスであるととらえることができるし,また「時間」因子は,その「生物」因子の駆動力がはたらく累積性にかかわる因子と考えることができる.ここで時間因子もけっして気候因子と独立ではなく,例えば湿潤熱帯での時間は半乾燥地の時間より早く進む (同じ土壌生成作用でも短時間に進行する) というように他因子との部分的な相関も含めてとらえられるべきものであろう.

そこで,次にこの「生物」因子が,より具体的には生態系の物理的・化学的プロセスとして,土壌生成過程とどのような関連を有しているか,少し詳しく考えてみよう.生物活動をエネルギー変換の観点からとらえてみれば,一次生産/光合成とは太陽光エネルギーを化学エネルギーとして蓄積可能な形態に変換するプロセスであり,これを量的に表したものが生態系の総一次生産である.この総一次生

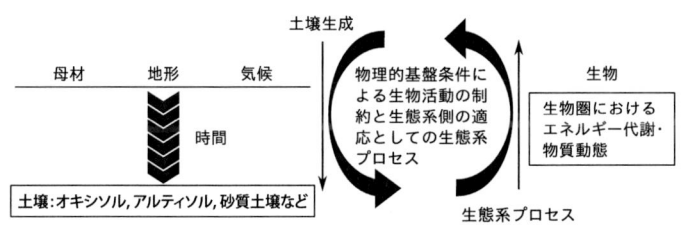

図1 土壌生成と生態系プロセスの関係.

産から植物 (および一部の微生物) 自身のエネルギー消費 (呼吸) を差し引いたものが純一次生産であり，この部分が消費者・分解者 (動物や多くの微生物) にとっての利用可能エネルギーとなる．純一次生産は，その一部が食物連鎖網のいずれかの段階において一時的にバイオマスとして生態系構成成分となるとともに，呼吸反応によって順次消費され，最終的にはすべて熱エネルギーとして大気中に放出される．

このような生態系のエネルギー変換過程において，様々な物質動態が駆動され，ここに生物活動と土壌生成の関連が生じる．そのうち重要な化学的プロセスの一例を，以下に紹介する．

1) 一次生産およびその分解過程を含む一連の生態系プロセスにおいては，様々な酸が発生し土壌に付加される．具体的には，森林生態系における土壌からの陽イオン過剰吸収，あるいは多くの生態系における呼吸起源の二酸化炭素の水への溶解・解離，窒素動態の最終産物である硝酸イオンの生成・流亡，様々な局面で放出される有機酸の解離などがあげられる．

2) 鉱物風化は，酸の付加によって促進される．例えばカリ長石のカオリナイトへの風化反応は，以下のように表すことができる．

$$2KAlSi_3O_8 (カリ長石) + 2H^+ + 9H_2O$$
$$\rightarrow Al_2Si_2O_5(OH)_4 (カオリナイト) + 4H_4SiO_4 + 2K^+$$

このように鉱物風化の一般式は，(熱力学的により不安定な鉱物 A)＋(H^+)→(熱力学的により安定な鉱物 B)＋オルソケイ酸＋(可溶性)陽イオン，という形式で表される．

3) 風化反応で放出された陽イオン類 (K^+, Mg^{2+}, Ca^{2+} など) の多くは植物や他の生物にとっての必須元素であり，実際に森林生態系では，鉱物風化によって放出された陽イオン類の多くが植物によって吸収される．

このような事実から，生物活動は酸放出を契機に鉱物風化を促し，そのうえで鉱物風化に伴い放出された必須元素を利用している，すなわち生態系プロセスと土壌生成プロセスには明瞭な関連が存在する．

生態系プロセスと土壌生成の連動は，上述した炭素循環と土壌酸性化・鉱物風化の例にとどまらず，酸化還元反応を通した嫌気性土壌の発達，植物・微生物による有機酸放出を通した養分獲得とポドゾル化の進行，あるいは土壌動物による土壌の物理的撹乱と表層土壌物質の更新など，いくつかの例をあげることができ

る．これらを通してみると，先述した物理的基盤条件とは少し異なった態様で，「生物」因子が土壌生成に及ぼす影響を，生態系プロセスと土壌生成プロセスの関連という観点から理解することができる．

◯ 土の変容——「人為」因子の肥大化——

最後に，今日の私たちの土壌認識において避けることのできない第六の土壌生成因子「人為」について述べる．

土壌や生態系に強い影響を及ぼす人為として，農耕活動があげられる．近代以前の農業生産においては，資源利用の制約を克服することが大きな課題であったろう．逆に，農耕活動による土壌や生態系の改変は限定的であったと考えられる．

近代以降，化石燃料に依拠した化学肥料の多量投入や大規模灌漑の実施によって，人類は自然条件の制約の多くを克服したようにみえた．しかしながら，これを生態系や土壌プロセスから眺めた場合，人為によるこれら諸プロセスの改変から大規模な撹乱，あるいは土壌生成における「人為」因子の極端な肥大化としてとらえることができる．私たちの時代の土および生態系は，肥大化した「人為」要因の影響を免れなくなっているという事実は，しっかりと認識しておきたい．

◯ 土とはなんだろう？

土とは何だろう？上記考察を経たうえでの，筆者自身の土壌観を以下に述べておく．土とは，地球最表層の材料(鉱物・有機物)が，母材そのもの，地形，気候という所与の物理的基盤条件の下で，同じくこれらの諸条件の制約を受けた生物活動・生態系プロセスと共役しながら，ある時間をかけて変化を受け，生成されたものである．土の代表的な3つの機能(一次生産を支える機能，分解を促す機能，環境調節機能)は，その多くの部分を，土壌生成にかかわる「生物」因子の特別な位置づけによって説明することができる．土壌生成プロセスと生態系プロセスは，後者における生命という次元を別にすれば，同じ反応やプロセスを異なる側面から眺めたものであることが多いし，土とは過去の様々な生物活動の歴史を集積した結果として今日存在し，また引き続き今日の生物活動を規定する基盤条件として存在しつづけているものであるということができる．

1-2　土の粒径と土性

谷　昌幸

■ ■ ■

　土を触ってみると，ザラザラと感じたり，ネバネバと感じたりすることがある．土の水分状態によっては，サラサラとかヌルヌルと感じることもある．土の手ざわりは，土に含まれる無機成分の粒子の大きさ(粒径)や水分状態によって変わる．また，様々な粒径の成分がどのような割合で含まれるかによって，土の保水性，透水性，通気性など，植物が生育するうえで重要な物理的な環境に影響を与える．粒径のバランスが絶妙に取れている土は，"水もち"がよくて"水はけ"もよいという，作物を育てるうえで理想的な環境を生み出す．

○土の粒径とは

　土に含まれる無機物は，粒の大きさ(粒径)によって区分され，粒径が2 mm以上のものを礫とよび，それ以下を土粒子とよぶ．土粒子はさらに，粒径の大きなものから順に砂，シルト，粘土の3つに分けられる(図1)．

　砂は0.02〜2 mmの粒径であり，0.2〜2 mmの粗砂と0.02〜0.2 mmの細砂に分けられる．砂は，岩石や火山灰などの土の材料(母材)にもともと含まれていた鉱物(一次鉱物，詳細は2-2を参照)から成り立っており，ケイ素，アルミニウム，鉄，マグネシウム，カルシウム，カリウムなどの元素が多く含まれる．土を触ったときにザラザラと感じるのは砂が多く含まれる場合である．砂は土粒子の中で粒径が大きく，表面積が小さいために反応性が低く，粒子どうしが互いにくっつく力(凝集力)はほとんどない．砂浜や砂場で遊んだときに，砂が足や身体にくっ

図1　無機物粒子の種類と粒径．

ついても，乾けばすぐに払い落とせることから，粘着性の低さを実感しているはずである．また，砂は水を引き付ける力 (保水性) も弱く乾きやすいのも特徴である．

　粘土は土粒子の中で最も粒径が小さく，0.002 mm 以下である．粘土は，土ができる過程で一次鉱物が風化変質した，あるいは新たに生成した鉱物 (二次鉱物，詳細は 2-2 を参照) から主に成り立っており，ケイ素，アルミニウム，鉄，カリウムなどの元素が多く含まれる．土を触ったときにネバネバとかヌルヌルと感じるのは粘土が多く含まれる場合である．粘土は土粒子の中で粒径が最も小さく，表面積が大きいために反応性が高く，凝集力や粘着性がきわめて大きい．雨上がりに粘土が多い土の上を歩くと，靴の底に土が固まってくっつき，靴が何倍も重く感じたことがある人も多いのではないだろうか．粘土は，水を含むと粘着性が高くなり，練るといろいろな形を自由につくることができる (可塑性)．さらに，乾かしたり焼いたりすると固くなる性質をもっているので，粘土細工や陶器などに利用されることも多い．

　砂や粘土と比べるとあまり聞き覚えのないシルトは 0.002〜0.02 mm の粒径であり，砂と粘土の中間的な大きさである．日本の土にはあまり多く含まれないが，シルトが多い土は，まるで小麦粉を触っているような滑らかでマフッとした独特の感触である．粘着性はあまりないが弱い凝集力を示し，一次鉱物と二次鉱物の両方を含むため，まさに砂と粘土の中間的な成分や性質を示す．

　このように，土には砂や粘土など様々な粒径の無機物が含まれているが，土の粒径は大きく分けると 2 つの要因によって決まる．

　1 つ目は土の母材が何であるかである．母材が火成岩や堆積岩のような岩石の場合は，もともと含まれる鉱物の粒径が大きければ砂の多い土となり，小さければ粘土やシルトが多い土になりやすい．母材が火山から噴出した放出物の場合には，放出物が風によって運ばれる方角，火山からの距離などにより母材の粒径が大きく異なる．特に火山灰は風によって遠くまで運ばれるため，火山からの距離が遠くなれば粒径が小さな火山灰から土ができる．河川が上流から運んできた沖積堆積物の場合には，上流域では粒径が大きく，中流域や下流域では粒径が小さくなる．

　2 つ目は土ができる場所の気候や地形などの生成環境と時間の長さである．土は風化作用と土壌生成作用を受けて生成されるが (詳細は 2-2 を参照)，その時間

が長ければ風化や土壌化が進み、粒径が小さくなりやすい。また、物理的風化や化学的風化には温度や水分が深くかかわるため (詳細は 2-4 を参照)、気温が高く降水量が多い場所では風化が進み、土の粒径が小さくなりやすい。熱帯に行くと、赤くて粘土の多い土壌がみられるのは、このためである。

○ 土性と土の機能

これまで述べたように土は、どのような母材から、どのような環境下で、どれくらいの時間をかけてできたかによって、粒径の異なる様々な無機物粒子を含んでいる。様々な粒径の無機物がどのような割合で含まれるかにより、土の保水性や透水性、通気性、易耕性や砕土性などの物性に大きな影響を与える。土に含まれる無機物を化学的な処理や物理的な手法によって粒径ごとに分別し、砂、シルト、粘土の重量を合わせて 100 とした場合の、それぞれの割合を計算し、三角図に基づいて 12 のグループに区分したものを土性とよぶ (図 2)。

埴土は粘土の割合が多い土を指し、埴 (はに) という文字はきめの細かい黄赤色の粘土を語源とする。無機物粒子に占める粘土の割合が 45 % を超えるものを重埴土とよび、25〜45 % のものは砂やシルトの割合に応じて、砂質埴土、軽埴土、シルト質埴土に分類する。粘土の割合が多いために、保水性が高く、養分保持力 (詳細は 3-2 を参照) が大きいが、透水性や通気性が低いことが多く、粘着性や可塑性が強いために耕起や砕土が困難なこともある。

埴壌土は粘土の割合が 15〜25 % の土を指し、壌という文字は耕作に適した軟

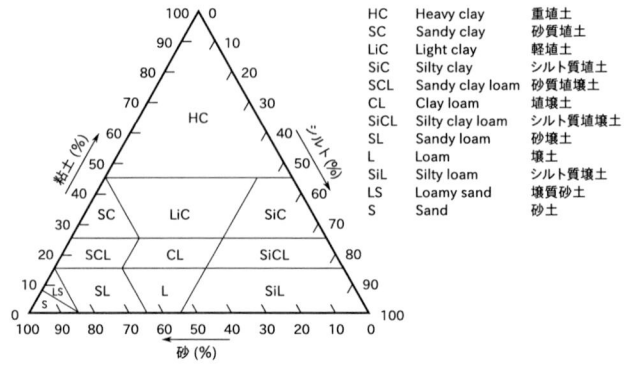

図 2　三角図による土性区分.

らかい土を意味する．粘土，シルト，砂が比較的均等に含まれるものを埴壌土とよび，砂やシルトが多い場合はそれぞれ砂質埴壌土およびシルト質埴壌土に分類する．粘土と砂がバランスよく含まれるために，保水性と透水性が両立し，通気性も確保されるため，作物の根が健全に生育しやすい土である．

　壌土および砂土は粘土の割合が 15 % 以下の土壌を指し，比較的粗粒質な土を意味する．野外における判定では，粘土と砂を同じくらいに感じる土を壌土とよび，砂やシルトが多い場合はそれぞれ砂質壌土およびシルト質壌土に分類する．砂の割合が 85 % 以上で，わずかに粘土の粘りを感じる場合には壌質砂土，ほとんど砂しか感じない場合には砂土とよぶ．粗粒質のため耕起や砕土が容易で，透水性や通気性がよい土であるが，保水性が低いために干ばつの影響を受けやすく，養分保持能が小さいために，施肥された養分が流亡しやすい土である．

　このように，土性は土の保水性，透水性，通気性，易耕性，養分保持力などと密接な関係をもち，土の作物生産力を大きく左右する．一般的には，埴壌土や壌土が作物生産に適するといわれるが，特に低地土や火山灰土などの場合は，浅いところ (表層) と深いところ (下層) で土性が大きく異なることもある．表層は粗粒質でも下層に粘土が多い重埴土や軽埴土が存在することや，逆に表層が細粒質で透水性が悪くても下層に砂土が存在することもある (図 3)．表層の土性だけで判断するのではなく，土のでき方や地形などの影響を考えながら (詳細は 2-1 と 2-3 を参照)，土全体の粒径を観察し，水，空気，養分などに影響を及ぼす土性をよく理解することが，作物の生産性や品質を向上させるための"土づくり"の第一歩となる．

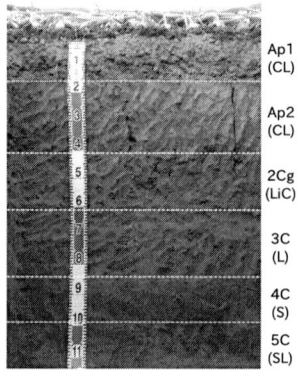

図 3　タマネギ畑の土壌断面写真．北海道夕張郡栗山町の川沿いに位置する低地土．表層は埴壌土 (CL) や軽埴土 (LiC) でやや粘土質のため透水性が悪いが，下層は砂土 (S) や砂質壌土 (SL) で透水性がよい．土全体を観察して土壌改良することが重要である．(口絵参照)

1-3 土の有機物 (腐植物質)

渡邉 彰

∎ ∎ ∎

　土には落葉・落枝，根，遺体，排泄物など様々な形で植物や動物，微生物から有機物が供給される．それらの中の炭素は元をたどれば大気から固定されたものであり，土壌動物や微生物などのはたらきによって有機物が分解されると，再び大気に戻る．大気に戻るまでの時間は，温度や水分といった環境因子の影響を受けるのに加え，有機物の構造，土壌中の無機成分との相互作用の有無や吸着様式によって異なる．その結果，土には分解過程の様々な段階にある有機物が混在し，土の中の有機物の主体を成す．それら土壌中に存在する生きた有機物 (生物) と形状を維持している動植物遺体を除くすべての有機物を「土壌有機物」あるいは「腐植」とよぶ．

　土壌有機物量は土壌乾燥重量の 1 ％未満から 20 ％以上まで幅広い値を示し，植物遺体の分解が著しく抑制された環境で生成する泥炭土では 90 ％を越えることもある．分解速度の大きい有機物は，土壌動物や微生物のエネルギー源となり，無機化された窒素やリン，硫黄，可溶化した金属元素などの一部は植物栄養となることで生命を育む．一方，分解速度の小さい有機物は，大気炭素のシンクとして機能し，地球炭素循環を制御する役割を担う．土壌有機物は鉱物粒子を覆い，さらに粒子同士を接着することで，多彩な大きさの粒子と間隙を形成する．接着された粒子 (団粒) は風雨に耐え，間隙に水を蓄え，空気の通りをよくし，生物に多様な住み場を提供する．様々な有機物に富む土は豊かな土といえる．

○ 土壌中における有機物の分解と腐植物質の生成

　植物構成成分のうち，セルロース，ヘミセルロースなどの炭水化物は代表的な易分解性有機物である．リグニンや脂質は相対的に分解速度が小さいが，酸化的な環境でそれらの分解が遅いのは土壌粒子への吸着によるところが大きい．また，炭水化物であっても団粒の内部に隔離されると，微生物がアクセスできず長期間残留する．

土壌中における有機物の分解過程には，高分子化合物の低分子化，環状構造の開裂，側鎖の置換・消失，酸化によるカルボキシ基の増加などが含まれる．有機物が元の構造を失うことを「腐植化」という．リグニン，タンニンなどのポリフェノールはキノンへと酸化される．微生物もポリフェノールやキノンを生産する．キノンは反応性が高く，自己縮合やアミノ化合物との縮重合を起こす．アミノ化合物は還元糖や他のカルボニル化合物とも反応して着色重合物を生成する (褐変反応)．これらの反応に限らず，生物に由来する有機物から環境中で生成した明褐色〜黒色を呈する天然有機物を「腐植物質」という．腐植物質の安定性もまた無機成分との反応に依存し，分解を免れた腐植物質のごく一部がさらなる変性 (腐植化の進行) を経て構造的にも難分解性となると考えられる．

○ 腐植物質——フミン酸，フルボ酸，ヒューミン——

腐植物質は多種多様な起源物質と生成過程からなるため，個々の成分に分けることはきわめて難しい．しかしながら，分析上，鉱物からの分離，溶液化や均質性の増大は重要であるため，古くから様々な方法で腐植物質の抽出・分画が試みられてきた．最も一般的な方法は酸とアルカリに対する溶解性の違いに基づくもので，アルカリ可溶・酸不溶性画分をフミン酸 (または腐植酸)，アルカリ可溶・酸可溶性画分をフルボ酸という (図1)．天然水中や堆積物中の類似の性質をもつ有機物も同じ名でよばれる．フルボ酸の語源はラテン語で黄色を意味する flavus で，フミン酸より明るい色を呈する．表層土壌中でフミン酸とフルボ酸が全土壌

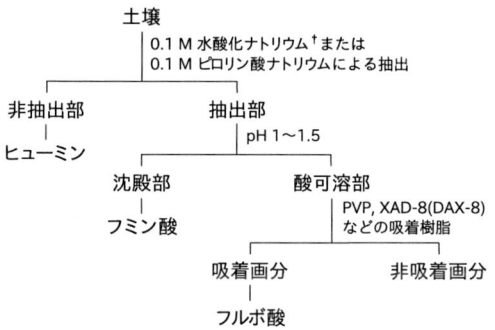

図1 土壌有機物の一般的な化学分画．各腐植物質の精製方法は割愛．† 中性〜アルカリ性土壌の場合には先に酸処理を行う．

有機物に占める割合は，それぞれ概ね 5〜30 %，数〜十数％であり，土壌有機物含量が低い土壌ではフミン酸やフルボ酸の割合も低い傾向がある．酸・アルカリ不溶性画分はヒューミンとよばれるが，操作上，粘土鉱物から分離できれば可溶化するものや微小な植物片，菌体などを含んだ状態で扱われる．

各腐植物質の化学構造には溶解性の違いが反映される．例として図 2 に示した固体 ^{13}C NMR スペクトルでは，腐植物質間で各シグナルの相対強度が異なる．例えば，ヒューミンはメチレン炭素のシグナルが強く，この画分に脂質などの疎水性有機物が多く含まれることがわかる．また，カルボキシ炭素のシグナルは，すべての pH で可溶性を保つフルボ酸で最も強い．フミン酸は，フルボ酸よりも分子量や疎水性成分 (アルキル鎖，多環芳香族など) の割合が大きいものが多く，カルボキシ基やフェノール性水酸基が解離しているときは水に溶けるが，pH が下がって分子内・分子間の静電的反発が弱まると，水素結合の形成や疎水性相互作用による会合，凝集が進み溶解性を失う．環境中における腐植物質の機能は構造特性に由来しており，カルボキシ基やフェノール性水酸基は有害な重金属イオンを配位結合によって強く吸着し，植物養分となるカチオンをイオン結合により緩く保持する．疎水性成分は残留性の高い有機汚染物質を吸着し，生物によるそ

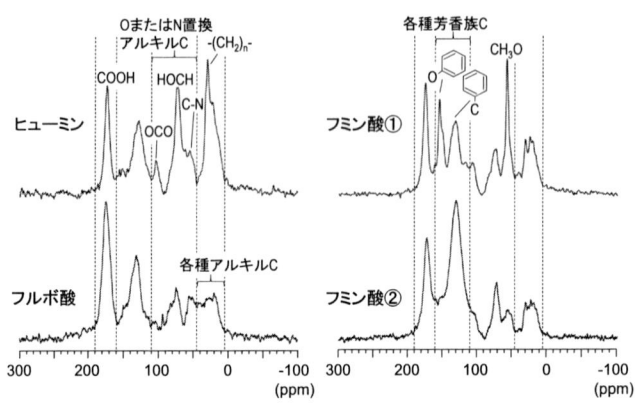

図 2　腐植物質の ^{13}C NMR スペクトル例．ヒューミン，安城黄色土；フルボ酸，猪之頭黒ボク土；フミン酸①，安城黄色土 (Rp 型)；フミン酸②，猪之頭黒ボク土 (A 型)．CH$_3$O と C–N の化学シフトは重なっている．強い CH$_3$O とフェノール C のシグナルはリグニン残基の寄与を示唆する (フミン酸①)．

れらの吸収を抑制する．

　フミン酸やフルボ酸からは，化学分解や熱分解によって糖，アミノ酸，脂肪酸，芳香族酸，縮合芳香環，複素環化合物などが生成・検出されるが，構造の多くは不明である．最新の研究では，1試料あたり1000〜2500の成分が検出され，各成分について分子式に基づく分類や構造の推定が行われた．しかし，それらさえも腐植物質の一部を表しているにすぎないであろう．

○ 黒い腐植物質と炭化物

　日本の火山灰土には黒色の腐植物質に富むものが多く，黒ボク土とよばれる．黒ボク土のフミン酸からは，リグニンの特徴をもたない芳香族炭素 (図2のフミン酸②) や縮合芳香環が多く検出され，それらが黒色と関係していると推察される．では，腐植物質中の縮合芳香環の起源は何か．ひとつには微生物が産生する色素があげられる．代表的なものは，アルカリ性で鮮やかな緑色を示すペリレンキノン誘導体で，様々な土壌に存在する．量も他の色素よりはるかに多く，フミン酸中の全縮合芳香環の約10％を占めることもある．もうひとつは火災や火入れによって生成する炭化物である．酸素不足の状態での燃焼は各種有機物を縮合芳香環を主構造とする黒い有機物 (ブラックカーボン) へと変化させる．その一部は煤として大気へ拡散し，大部分は炭化物として土に入る．土に含まれている炭化物の量を正確に測ることは難しいが，概ね土壌有機物の数％〜>30％を占め，黒ボク土ではその割合が高い傾向がある．炭化物の平均滞留時間は>1000年と長いが，その間表面の酸化や断片化が進み，一部がフミン酸の成分になると考えられる．

○ フルボ酸と溶存有機物 (DOM)

　フルボ酸や他の水溶性土壌有機物は，そのほとんどが土壌粒子に吸着しており，ごく一部 (全土壌有機物の1％程度) が土壌溶液中にDOMとして存在する．フルボ酸は高い錯形成能を有することが知られているが，フルボ酸以外のDOMにも配位子となりうるものは多い．そのため，雨や雪解け水によって土壌から流出するDOMは，湖や河川，沿岸海域へと金属元素を運び，また，貧栄養な水環境では分解されて窒素やリンの供給源となることで生態系を支えている．

1-4 土の生物

豊田 剛己

■ ■ ■

　土の中に生息する生物の種類や数，多様性の意義に関して解説し，生物の測定法(観察法)についても簡潔に紹介する．加えて，土の様々なはたらきと生物との関係にもふれる．

○ 土の生物の種類

　遺伝子に基づく進化系統の研究が進み，生物はリボソーム RNA の配列に基づき Bacteria (細菌)，Archea (アーキア，古細菌，始原菌ともよばれる)，Eucarya (真核生物) の3つのドメイン (階級) に分けられるようになった．土にはこれら3つのドメインに分類される様々な生物が生息する．数と量で圧倒的に多いのは微生物である．微生物とは文字通り肉眼では認めがたい小さな生物であり，原核生物の細菌，真核生物の糸状菌 (真菌類，カビともよばれる)・原生動物 (鞭毛虫，繊毛虫，アメーバ) が主要な土壌微生物である．光合成を行う藻類も微生物である．メタン生成菌などのアーキア，ウイルスも土壌微生物である．細菌，糸状菌，原生動物は地球上のあらゆる土に普遍的に生育する．微生物以外では，線虫，ワムシ，ダニ，トビムシ，ミミズなどが土壌に生息する主要な生物 (＝土壌動物) である．土壌動物はそのサイズに基づき，小型土壌動物「体幅 0.1 mm 以下：輪形動物 (ワムシ)，節足動物 (ミジンコ類)，原生動物」，中型土壌動物「体幅 0.1～2 mm：節足動物 (トビムシ，アリ，ハエ幼虫，クモ，ダニ，ムカデ，ヤスデ，トビムシ)，ヒメミミズ，線虫」，大型土壌動物「体幅 2 mm 以上：哺乳類 (モグラ，ネズミ)，爬虫類 (ヘビ，トカゲ)，両生類，カタツムリ，ナメクジ，ミミズ，節足動物 (ムカデ，ヤスデ)」に大別される．

○ どれだけいるか

　土によりそこに存在する生物の数や量は異なるが，土 1 g 中には数億～数十億の細菌がいて，10～1000 m の長さの糸状菌の菌糸がある (表 1)．これらの生物

の重量 (バイオマス) はそれぞれ 1 ha に数トン程度と見積もられ,数・量のいずれにおいても他を圧倒する.ついで,原生動物が数万〜数十万存在し,そのバイオマス量はおおよそ 1 ha に 100 kg 程度となる.これら微生物に比べると他の動物の数は圧倒的に少ない.1 g あたりの個体数は線虫でも 1〜100 で,ダニやトビムシはそれ以下となる.日本の国土全体に 1 億 3000 万人 (平均体重 50 kg) が均一に分布していると仮定した場合,ヒトは 1 ha あたり 170 kg のバイオマス量となるので,土壌中の細菌や糸状菌はヒトより断然多い.

土壌微生物の大半および土壌動物はすべて,その生育に有機化合物を必要とする従属栄養生物のため,有機物が供給される場所で生息密度が高くなる.植物根から栄養源が供給される根の周り (根圏),植物遺体周辺 (デトリタス圏),ミミズの巣道や糞塊の周辺 (ミミズ生活圏),土壌動物の体内および体表面などである.

種類としては,細菌は約 5000 種が記載されている.糸状菌は約 8 万種,原生動物約 2 万種,線虫が属する線形動物 1 万 5000 種,ミミズが属する環形動物 1 万 5000 種,ダニ・トビムシが属する節足動物では 100 万種以上が知られる.記載された種数では糸状菌や動物が多いが,一定量の土における多様性は細菌が群を抜く.DNA-DNA の再会合実験によると,土の細菌のゲノムサイズを大腸菌と同程度と仮定した場合,100 g 程度の土壌に 6000〜1 万種類がいるという.

○ 生物多様性の意義

多様性は"土の質"の指標となる.多様性が高い土は,土のはたらきにおける多様性も高く,幅広い種類の基質を分解する能力を安定して有する.こうした概

表1 土壌に一般的にみられる微生物・動物の数と量 (Brady and Weil (2008) より).

	数		バイオマス (量)
	$1\ m^2$	1 g あたり	kg/ha
細菌,アーキア	10^{14}〜10^{15}	10^9〜10^{10}	400〜5000
放線菌	10^{12}〜10^{13}	10^7〜10^8	400〜5000
糸状菌	10^6〜10^8	10〜10^3	1000〜15000
藻類	10^9〜10^{10}	10^4〜10^5	10〜500
原生動物	10^7〜10^{11}	10^2〜10^6	20〜300
線虫	10^5〜10^7	1〜10^2	10〜300
ダニ	10^3〜10^6	1〜10	2〜500
トビムシ	10^3〜10^6	1〜10	2〜500
ミミズ	10〜10^3		100〜4000
その他	10^2〜10^4		10〜100

念の基本となったのは，Griffiths らの研究成果である．土を異なる時間燻蒸して，生き残った細菌，糸状菌，原生動物の数と種類が異なる土を人工的につくりだした．その後，5 カ月間培養し，数のうえではこれらの生物群が元通りに回復したが，種類の点では処理時間が長いほど多様性は低いままの時点において土のはたらきを評価した．メタン酸化や硝酸化成といった少数の微生物が担うはたらきは，多様性が低い処理区で顕著に低下したままであったが，多くの微生物が行う呼吸活性やアミノ酸の体内への取り込みは多様性の影響を受けなかった．多様性が高い土では，同じはたらきを有する生物の種類が多いので，何らかのストレスを受けるなどの環境変動があった場合に，はたらきそのものの安定性が高く，また，低下したとしてもその回復が早くなると考えられる．

○ 生物の測定法

　細菌や糸状菌は，希釈平板法とよばれる培養法を用いて，研究されてきた．希釈平板法とは，土を殺菌水で適宜希釈し，その希釈液の一部を適当な栄養源を含む培地にまぜてコロニーをつくらせるものである．絶対寄生菌のように，生きてはいるがコロニーをつくらない微生物が土の中には多く存在するため，培養法に寄らない方法で微生物の数や種類を評価する方法が広く浸透するようになった．具体的には，土壌からリン脂質脂肪酸，キノン，DNA といったバイオマーカーを抽出し分析することで土の中の生物の量や種類を推定する．

　土壌動物の計数にはベルマン漏斗やツルグレン装置が用いられる．前者は，水を満載した漏斗にベルマン篩いを置きその上に土を置くと，線虫やワムシなどは比重が水より重いため，動くにつれて漏斗の下方に落ちていくのでそれを集める方法である (図 1)．後者は，土を漏斗においた篩いの上に置きその上から電球をかざす装置で，光を当てて土を乾かす．土壌動物は乾燥に対して忌避行動をとるので，生きている動物は乾燥を避けて土の下方に動いていきやがて漏斗から落ちるのでそれを集める．

○ 土の生物のはたらき

　土壌微生物および土壌動物の最も重要なはたらきは有機物分解と物質循環である．"土に還る"といわれるように，土に入る有機物は微生物と動物の協同的なはたらきによって分解される．有機物の最大の供給源は様々な植物遺体である．植

物遺体は土壌動物の摂食作用で細断され，表面積が増すことで微生物による分解が加速される．窒素やリンを含む有機物が分解されると，無機態の窒素やリンがつくられ，植物の根が吸収できるようになる．生物の多い土では，こうした植物養分供給能が高くなるため肥沃である．そのため，肥沃な土の指標としてミミズが使われる．

微生物による有機物分解は酸素がある方が速やかに進行するが，酸素がなくても分解は進む．硝酸，マンガン，鉄，硫酸，酢酸などがあればこれらを酸素の代わりの電子受容体とする嫌気呼吸により，水田のような嫌気環境においても有機物分解が起こる．嫌気条件下では主に通性嫌気性や絶対嫌気性の細菌が優占するが，糸状菌の中にも嫌気呼吸を行うものがいる．一方，好気条件にある畑や森林の土においても，空気が到達しにくい土の粒子からなる塊(団粒)の内部には絶対嫌気性菌が生育している．

窒素や硫黄などの地球規模での循環には土の中の微生物が関与する．窒素固定細菌は大気中の分子状窒素を固定しアンモニアをつくる．アンモニアは，無機物の酸化によってエネルギー源を獲得する独立栄養細菌の仲間である硝酸化成菌(硝化菌)によって，亜硝酸，硝酸へと酸化される．硝化菌は細菌だけでなくアーキアにも見つかっている．硝酸は脱窒菌とよばれる微生物によって亜酸化窒素，分子状窒素へと還元され，大気に戻る．脱窒菌は細菌が多いが，アーキアと糸状菌にも脱窒能が知られる．その他にも，土の中には私たちにとって有益な生物が多い．農業上有用な土の微生物には，菌根菌，植物生育促進微生物，リン溶解菌などが，産業上では，難分解性物質の分解菌(農薬，油，有機塩素系化合物などを分解)，抗生物質生産菌，アミノ酸生産菌などが知られる．

図1 ベルマン法で抽出された土壌動物群．

1-5 世界の土

舟川 晋也

■ ■ ■

　先に 1-1 において，6 つの土壌生成因子——母材，気候，生物，地形，時間，人為——を紹介した．これら土壌生成因子の複合的な影響のもと，実際の土壌生成作用がはたらき，各地域に特有の土壌が生成される．個々の土壌生成因子あるいは土壌生成作用については，この後第 2 部において詳述されるが，ここではまず世界の土壌分布がどのような要因によって決められているか考察したあと，個々の土壌の特性について概説する．

○ 土壌の分布を決める要因は何か？

　図 1 に米国農務省 Soil Taxonomy による世界の土壌図を，また図 2 によく知られたケッペンの気候区分図を示す．このように地球規模のスケールで眺めた場合，気候分布と土壌分布の類似性は明らかである．ユーラシア大陸における気候区分と土壌の，いずれも東西に長く伸び，南北に変化してゆく分布パターン，あるいは湿潤熱帯に対応したオキシソル，アルティソルの分布などである．このよ

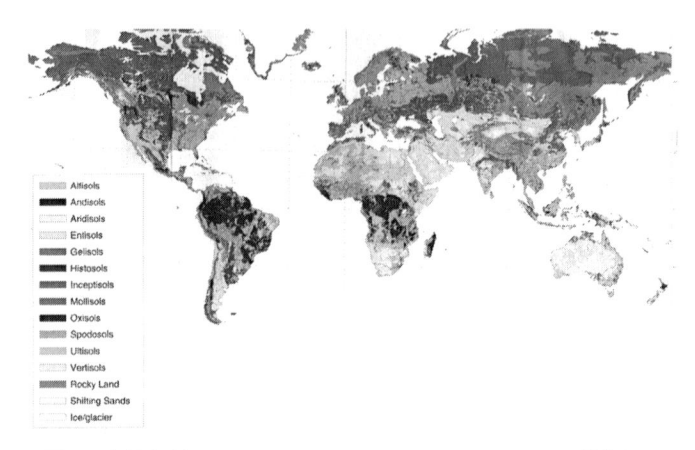

図1　世界土壌図．(USDA, Soil Taxonomy, 1999) (口絵参照)

うに世界の土壌分布は,気候特性およびそれを反映した植生などの生物的な条件によって規定されていると,近似的にはいってよい.これは具体的には,大陸内部の半乾燥帯には草原植生が成立し,その結果草本の根リター供給を受けた黒色の厚い表層土と,少雨のため炭酸塩が残存した塩基飽和度の高い次表層土によって特徴づけられるモリソルが分布する,というような例に典型的にみられる.

世界の土壌分布が,大局的には気候因子によって規定されている,という事実は,実際の土壌分類・判別の場面では,むしろ他の土壌生成因子の影響を受けた「例外的な」土壌をはじめに識別し,その後「典型的な」気候・植生規定型の成帯性土壌を判別すればよい,という手順の有用性を示唆している.以下大筋においてこの考え方をふまえた Soil Taxonomy にしたがって,世界の土壌の特性を述べる.Soil Taxonomy は,手法的には特徴土層・識別特徴の認識と,それに基づいた段階的なキーアウト方式をとっているという点に特徴がある.

○ 世 界 の 土 壌

I. ジェリソル (Gelisols). 土壌の表層近くに永久凍土層が出てくるような,シベリアやカナダ北部など主として寒帯に分布する土壌.凍結・融解の繰り返しが重要な土壌生成作用となり,永久凍土層の存在によって土壌水の下方浸透は制限される.

II. ヒストソル (Histosols). 有機物を主要構成物とする泥炭土壌であり,排水

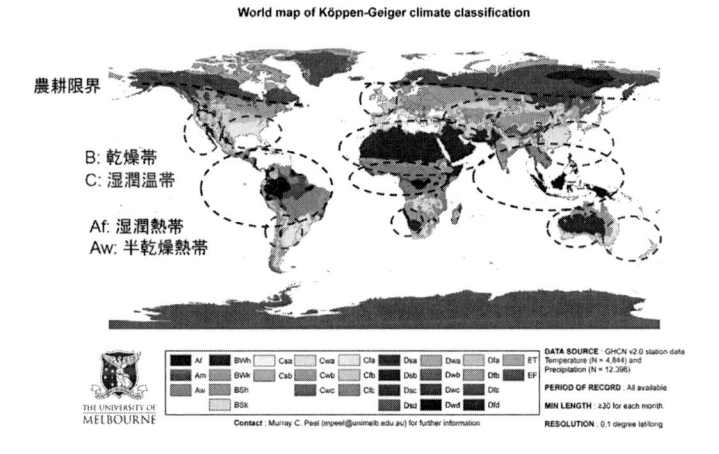

図2 ケッペンとガイガーによる世界の気候区分. (M. C. Peel *et al.*, *Hydral. Earth Syst. Sci.*, **11**, 1633-1644, 2007) (口絵参照)

不良の条件下で植物遺体が分解を抑えられ堆積して生成した土壌である．カナダ，西シベリアなどに分布する温帯以北の泥炭が主として草本起源の泥炭であるのに対して，熱帯アジアの沿岸地帯に分布する泥炭のほとんどは木質泥炭である．泥炭土壌の分布面積は限られるものの，世界の土壌中に存在する有機物の相当量が泥炭土壌に蓄積されているとみられることから，今後開発の進行に伴い多量の温室効果ガス発生源となりうる可能性がある．

III. スポドソル (Spodosols). 表層粗腐植層起源の有機酸などによって表層土壌より洗脱された鉄・アルミニウムが，有機金属複合体として次表層に集積した土壌．未耕地であれば，上部に灰白化した洗脱層を伴う．カナダ東部，スカンジナビアなどに広く分布し，多くは亜寒帯の冷涼・湿潤な気候下で，砂質な母材上に生成する．一般に酸性が強く肥沃度の低い，農耕を行うには困難が伴う土壌である (図3(1))．

IV. アンディソル (Andisols). 非晶質・準晶質鉱物，あるいは有機金属複合体に富む土壌で，火山性の母材上に生成する．多くは環太平洋火山帯に沿って分布する．農業利用に際しては，従来はその高いリン酸固定能のためリンの肥効の低い点が否定的に強調されてきた．しかしながら易風化性鉱物に富んでおり，潜在的な養分供給力は高いとみられる．また保水性，透水性など，土壌の物理性に関しても優れた土壌であるといえる (図3(2))．

V. オキシソル (Oxisols). 一般に風化が進むと，土壌はカオリン鉱物や三二酸化物に富んだ，養分保持能，養分供給能に乏しいものとなる．オキシソルはそのような活性の低い粘土鉱物組成をもった土壌であり，南米大陸，アフリカ大陸の熱帯域の安定地形上に広く分布する．ただしヒマラヤ造山運動により傾斜地に富んだ地形をもち，比較的若い土壌が広く分布するアジア熱帯域では，その分布面

図3 様々な土壌断面 (1) スポドソル，(2) アンディソル，(3) オキシソル，(4) モリソル．

積は限られる．農業生産ポテンシャルに関しては，従来低投入条件下ではその低い肥沃度が問題視されてきたが，物理性などはむしろ良好である場合も多く，化学肥料などの多量投入が可能となった近代農業では，ブラジルなどのように一転して大規模な農業生産地域へと変貌した例もある (図 3(3))．

 VI. バーティソル (Vertisols). 膨潤性粘土鉱物に富んだ粘土質な土壌であり，湖沼成堆積物上によくみられる．特に乾燥時に収縮し顕著なクラックを形成する特徴がある．この土壌は，湿潤期には高い粘着性を示す一方，乾燥期にはきわめて固くなるといった，物理性の面で扱いにくい性質をもった土壌である．しかしながら養分供給能に代表される化学性は良好であり，例えばインドでは黒綿土とよばれる高い生産性を誇る土壌でもある．インド中部，オーストラリア，東アフリカなどに広く分布する．

 VII. アリディソル (Aridisols). 植物生育に必要な水分が確保できないような，主として乾燥地に生成した土壌．南北アメリカ大陸，アフリカ，ユーラシア中緯度地帯に広く分布する．本土壌ではしばしば灌漑農業が展開されるが，これが二次的な土壌塩性化を招き，土地が不毛化している例が多くみられる．

 VIII. アルティソル (Ultisols). 粘土集積層をもち，かつ塩基飽和度が低い酸性土壌．温暖・湿潤な地域，例えば北米南東部，南米・アフリカ大陸のオキシソル周辺地域，熱帯アジアなどに広く分布する．オキシソルに比べ粘土の活性が高く保肥力などに富む反面，酸性改良などの局面では困難な性質を示すことがある．

 IX. モリソル (Mollisols). 黒色の，塩基類に富んだ表層土をもつ，典型的には半乾燥気候のもと，草原植生により多量の根リターの供給を受け生成する土壌である．北米大陸中西部，南米大陸の一部，およびユーラシア大陸北緯 50 度近辺に広く分布する．肥沃で生産性の高い，食糧生産の面から重要な土壌である (図 3(4))．

 X. アルフィソル (Alfisols). 粘土集積層をもち，かつ塩基飽和度が高い土壌．北米大陸，ユーラシアではモリソルに隣接してより湿潤な地域に森林植生とともに現れ，オーストラリア沿岸部，アフリカ大陸ではオキシソル周辺地域に広く分布する．前者が陽イオン交換容量，塩基含量ともに高い肥沃な土壌であるのに対し，後者の多くは陽イオン交換容量が小さい肥沃度的には難のある土壌である．

 XI. インセプティソル (Inceptisols). 一定程度の風化を受け変質した層位をもつ土壌．幅広い特性をもつ土壌を含む．

 XII. エンティソル (Entisols). ここまでにキーアウトされなかった土壌で，一般には土壌生成作用のはたらいた形跡の少ない未熟土壌が多い．

1-6 日本の土

高橋 正

■ ■ ■

　日本列島はおよそ北緯 20 度から北緯 46 度の間に長さ 3000 km にわたっての びている．国土面積の割に標高差が大きいことと，急峻な地形が多いことが特徴 である．その多くは海洋性の温暖湿潤な気候下にあり，南北に長いので亜寒帯か ら冷温帯，暖温帯，亜熱帯までの気候帯をもつ．いくつものプレートの境界に位 置するので，地震活動や火山活動が非常に活発である．日本にはこれらの自然条 件を反映した土壌が分布している．

○ 日本のおもな土壌

　日本では降水量と気温が樹木の生育に十分なため，ほとんどの場所では森林が 発達する．森林に最も多くみられるのは褐色森林土であり，国土の 53 ％を占める (図 1)．この土壌の表面には落葉落枝が堆積している．その下には有機物 (腐植) の多い暗褐色～黒色の層があり，腐植の少ない酸化鉄による褐色・黄褐色の層へ と続く．微生物から小動物に至るまでの多くの生物が棲息し，それらは養分を循 環させる．また，土壌のすきま (孔隙) に水分をたくさんためることができる．褐 色森林土は森林生態系を支えると同時に，自然のダムの役割 (水源や防災) をはた している．

　北海道，東北，中部地方の山地や一部の海岸砂丘地にはポドゾル性土が出現す る．高校地理で習う「ポドゾル」に相当し，暗灰色～灰白色の漂白層と，有機物 やアルミニウム・鉄がたまった集積層のコントラストが印象的な土壌である．日 本にはシベリア，北米，北欧などにみられるような成熟したポドゾルが少ないの でこの名称が用いられる．

　関東やそれ以北，九州地方の火山活動が活発な地域の台地や丘陵地は黒ボク土 で覆われている．火山砕屑物 (火山灰や軽石など) が主な材料 (母材) であり，反 応性の高いアルミニウムや鉄 (活性 Al, Fe) が多いことと軽くてホクホクしてい ることがこの土壌の特徴である．典型的なものは真っ黒な腐植を厚くためている．

場所によっては何層もの腐植の多い層が重なっている場合もみられる．これは過去の火山活動の歴史が土層に保存されたもので，火山の休止期に植物が繁茂しその遺体で腐植層ができ，活動期にはその上に火山砕屑物が覆い，これに腐植が蓄積することを繰り返した結果である．活性 Al・Fe はリン酸と強く結びつき，植物にリン酸欠乏を起こしやすい．また，土壌 pH が低く植物に酸性の害がでることが多い．これらを改良すればよい畑として利用できる．黒ボク土は国土の 17％を占めていて，全国の畑の半分近くがこの土壌である．

西日本や南西諸島などの温暖地域の台地，丘陵・低山地には，赤黄色土がみられる．腐植が少なく，粘土が多く緻密に締まっており，塩基分が流されて酸性を示す．高校地理にでてくる「ラトソル」に近い土壌である．この土壌の色は，含まれる鉄化合物の種類を反映している．黄色は主に針鉄鉱 (ゲータイト)，赤色は主に赤鉄鉱 (ヘマタイト) による．赤黄色土は茶園，果樹園，畑などに利用されている．また，赤色土に似ているがそれより暗い色をしていて，中性〜塩基性を示す暗赤色土がみられることもある．この土壌は塩基性の母材 (石灰岩，カンラン岩，蛇紋岩) からできやすい．

日本の低地はおもに水田として利用されてきた．その多くは沖積土であり，河成，海成あるいは湖沼成の堆積物が土壌になったものである．沖積土には，長年にわたって水田に利用された結果，灌漑水による還元的徴候，それに加えて鉄などの移動・集積がみられるもの (灰色化水田土，集積水田土)，年間の大部分が水で

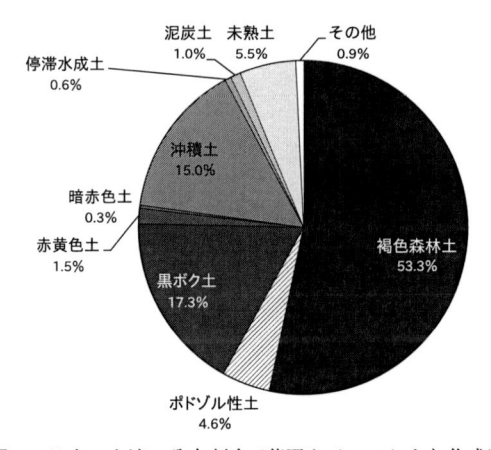

図 1　日本の土壌の分布割合 (菅野ら (2008) より作成).

飽和されていて鉄が還元された状態 (二価鉄) の青灰色の土色をもつもの (グライ沖積土), 季節的な酸化と還元の繰り返しにより青灰色 (二価鉄による) の地色に赤褐色 (三価鉄による) の模様 (鉄斑紋という) が散在するもの (灰色沖積土), 水はけのよい場所にあり鉄鉱物が三価のため褐色を示すもの (褐色沖積土) がある. 褐色沖積土は水田とともに畑にも利用されている.

低地だけではなく, 台地, 丘陵地, 山地でも水の影響 (表面停滞水や地下水) を強く受けたところでは, 停滞水成土が存在する. この土壌は, 青灰色の土層をもつもの (停滞水グライ土), 青灰色の地色に鉄斑紋をもつもの (疑似グライ土) に分けられる. このほか, さらに排水不良な環境では, 植物遺体の大部分ないし一部が分解されずに堆積してできた泥炭土が分布する.

○ 自然現象と土壌生成

火山噴火, 洪水, 地すべり, 高潮, 地震, 津波などは私たち日本に住む人々が常に体験する可能性のある自然現象である. これらの自然災害と土壌の生成は密接に関連している. 河川の治水工事のおかげで被害は以前ほどではないが, 一昔前までは洪水によって川の流れが変わることもしばしばであった. そのたびに上流地帯の土砂が下流に運び込まれ, それが沖積土の母材となっている (河成沖積). 黒ボク土の母材は火山からもたらされる. 火山の噴火により, 火山灰や火山礫 (軽石やスコリア) などが噴出し, ときには大災害となる. 火山の周辺, 特に東側に黒ボク土が生成する傾向があるが, 火山灰は風によって遠くまで運ばれて土壌に付け加えられることがある. 例えば, 約 2 万 6000～2 万 9000 年前に姶良カルデラ (鹿児島県) から噴出した姶良丹沢火山灰は東北地方北部でも確認されている. したがって黒ボク土以外の土壌でも火山の影響を受けている可能性がある. 褐色森林土のなかにも火山砕屑物の混入が多く, 黒ボク土とした方がよい土壌がかなりあることがわかってきた.

台風や発達した低気圧による高潮, 地震に伴って発生する津波は土壌に海水を運び込み海水成分を残す. 津波は表土の剥離, 運搬, 再堆積など土壌の物理的な撹乱ももたらす. 2011 年の大地震による東北地方での灰色沖積土やグライ沖積土の広範な津波被害は記憶に新しいが, 869 年 (貞観 11 年) にも同規模の津波被害があったことが土壌調査で明らかになっている.

このほか, 日本の土壌は中国大陸由来の風成塵 (黄砂) の影響を広く受けてい

る．このように日本では自然現象が土壌に影響を与え続けている．多くの土壌では新たな母材が付け加えられ，いわゆる「土壌の若返り」が頻繁に起こっている．そのため，日本の土壌は世界的にみて若いものが多い．

○ 人間活動と土壌

　古くからの人間活動の影響が土壌に残されている場合もみられる．黒ボク土には真っ黒な腐植層をもつものが多いが，これはススキなどの草原植生が維持されたことが原因とみられている．森林植生では腐植は褐色～暗褐色になり，真っ黒くなりにくい．日本では自然状態で森林となるところがほとんどなので，草原は人間が関与して保存された可能性が高いのである．黒い腐植の年代は1万年から2万年前にまで遡る．

　日本の伝統的な農業である稲作にともなって，すでに述べたように，集積水田土のような土がつくられる．長年にわたって代かき作業が行われると，その下には硬い鋤床層（硬盤層）ができる．また，湛水と落水の繰り返しが鉄の移動と集積をもたらし，鉄の濃縮した層がつくられるのである．

　日本ではその地形・地質・気候の特徴を反映して豊かな自然が形成され，ときには破壊的な自然現象も発生する．それが多様な土壌の生成につながり，人間はそれを利用しながら調和してきた．近年の人間活動の自然に及ぼす影響は以前に比べて非常に大きい．将来にわたっても，土壌と調和を保ちながら活動することが私たち人間の責務である．

文　　　献
1) 菅野均志・平井英明・高橋正・南條正巳 (2008)．1/100万日本土壌図 (1990) の読替えによる日本の統一的土壌分類体系—第二次案 (2002)—の土壌大群名を図示単位とした日本土壌図．ペドロジスト，**52**(2), 129-133.

コラム1　日本の森林は炭素を貯留する能力が高い
―森林土壌における火山灰の影響―

今矢　明宏

　日本の森林土壌は炭素を深さ1mまでに推定約4.6 Pg (ペタグラム) 貯留している．1 m^2 あたりでは約14 kgであり，同じ温帯林が約12 kgとされることと比べて高い．日本の森林土壌がこのような高い炭素蓄積を示すのはなぜだろうか．

　土壌の炭素蓄積量は，全球や大陸レベルでは温度や水分条件の影響を強く受け，地域や流域レベルでは植生や地形，母材の影響を受けることが知られている．日本の森林土壌を土壌群ごとに比較すると，火山灰を母材としている黒ボク土群が高い炭素蓄積量を示しており (図1)，日本の森林土壌においては，炭素蓄積量の決定に火山灰の影響が大きいことがわかる．日本列島は環太平洋火山帯に位置しており活発な火山活動により，火山灰の影響を強く受けている土壌の割合が森林域のおよそ2割に及ぶ．火山灰土壌の割合が全球の陸域全体では1％程度であることと比べると，日本の森林域における割合が非常に高いことがわかる．

　では，なぜ火山灰土壌は炭素蓄積量が大きいのだろうか．

　有機物の供給源である植物の生育基盤として火山灰土壌をみるとどうか．日本の人工林で一般的に植林されているスギが，火山灰土壌において他の母材からできた土壌よりも成長がやや劣ることが知られている．一方，ヒノキは火山灰土壌においても他の土壌に比べ成長が劣るということはない．火山灰土壌は，リンを強く吸着すること，変異荷

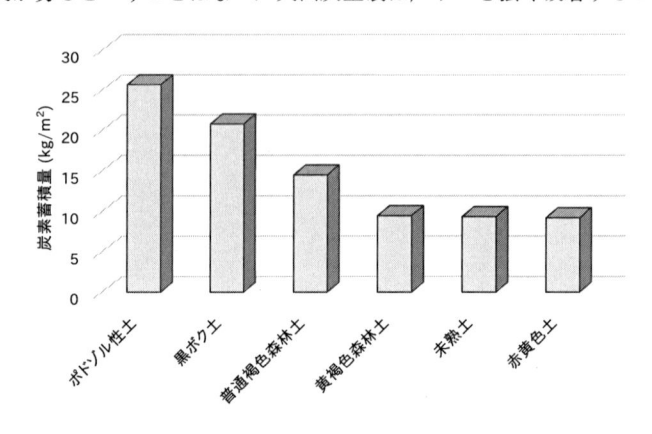

図1　日本の森林土壌における土壌群ごとの炭素蓄積量．鉱質土壌表面から深さ1 mまでの蓄積量として比較した場合．

電特性により養分元素保持量が小さいことといった特徴をもっており，植物の利用できる養分量が制限される．このため，ヒノキよりも養分要求度の高いスギにおいて成長量に影響が現れたとみられる．このように火山灰土壌は植物の生育が制限される場合があり，有機物生産の面において他の土壌より必ずしも優っているというわけではない．

　火山灰土壌は，炭素とともに遊離のアルミニウムや鉄を，他の土壌に比べて多量に含むことを特徴としている．これは火山灰が風化しやすい鉱物を多量に含んでおり，これらが速やかに風化することにより多量のアルミニウムや鉄イオンを土壌へと供給するためである．これらの遊離アルミニウムや鉄イオンは土壌中の有機物と結合し，有機–無機複合体を形成する．有機–無機複合体に結合した有機物は微生物などによる分解が抑制される．これにより有機–無機複合体として取り込まれた炭素は千年単位で土壌中に滞留することになる．このように，火山灰土壌は有機物を土壌にとらえる力と離さない力の両方を併せもつことによって炭素蓄積能が高いのだと考えられる．

　しかしながら，土壌中に存在する遊離アルミニウムや鉄と有機物のすべてが有機–無機複合体を形成するわけではない．遊離のアルミニウムや鉄が多いだけでは土壌炭素蓄積量は大きくならない．

　土壌の発達過程をみると，一般的には地表に露出した岩石がその場で風化することによって下方へと土壌化が進行するのに対し，火山灰土壌は，地表に新しく土壌物質が付加されることにより上方へと発達している．この累積的な土壌発達過程により堆積した土壌物質が，期間の長短はあるにせよ表層履歴をもつこと，そのような土層が厚く存在することも，火山灰土壌の炭素蓄積量を大きくしている要因である．

　ただし，森林が主に分布する山地斜面の土壌は，地表に付加された火山灰が，傾斜に沿った土砂移動に伴う土壌撹乱によって土壌に取り込まれるため，基岩風化物から生成した土壌と火山灰が様々な比率で混合したものとなっている．このような土壌では火山灰の混合比率が高いほど炭素蓄積量が大きい．

コラム2 都市の土壌

川東 正幸

都市環境は人間が頭の中の構想・設計に基づいてつくりだした人工的空間であるため自然環境とは様々な点で著しく異なる．土壌も人工物および人工的環境の影響を受けており，そのプロファイルは自然の土壌とは大きく異なる．現在，都市域は世界の陸地面積の 0.5 % を占めるにすぎないが，世界人口の 50 % 以上が居住する空間であり，そこに存在する土壌は人間にとって身近な存在である．

都市生活のための最適化が土壌にもたらすもの

人間は居住，移動・輸送，生産など生活基盤全般において平らな地面を必要としている．凹凸ある地表面を平面にするためには凸部を削って，凹部に移動させる手法が用いられる．また，目的に応じて必要な強度の地盤を求めて掘削することも多く，排出された残土は埋設に利用される．すなわち，都市は掘って，埋めて，ならした地面の上に成立しており，都市土壌には土壌物質の移動履歴が刻まれている．この元の土壌とは異質な「土壌材料」を含むことが都市土壌の特徴である．「土壌材料」は粒径などの調整が行われるものの，コンクリート片，木材，鉄筋，レンガなどの建築廃材も多く含まれており，それらも十分に混合されて都市土壌の母材となる．また，都市土壌は土地利用にかかわらず地盤が重機で固められているため，下層土壌は硬化している．

都市では構造物に被覆された土壌の分布面積が年々増加している．世界では 0.4 %，日本では 3.8 % の地表面が構造物で被覆されており，その割合は都市域で高い．被覆物は土壌をその他の空間から隔離するため，土壌の生物性は失われ，土壌生成は止まった状態で保存される．しかし，近年では都市型集中豪雨や水不足の懸念から，表面流去水を減少させるための透水構造の舗装が広がっている．多孔質アスファルトやインターロッキングの舗装がそれに相当するが，水の浸透は舗装の支持力低下を生じるために強度を要する場合には不向きである．また，交通荷重や凍結融解によって発生した舗装の亀裂から水が浸透する場合もあり，被覆下の土壌でも物質の移動が起こる．その場合，被覆材料の可溶性成分，安定化剤の石灰や建築物のコンクリートは鉱質土壌をアルカリ性にする．下層でも pH と塩濃度が高い場合があり，アルカリ性物質が下方に移動している．

生産に関与する都市土壌

都市における緑地面積は増加している．都市緑地の土壌は植物成長に伴う有機物の供給があり，炭素貯留効果も高く，A 層が発達し，土壌構造の形成も認められる．外部から持ち込んだ土壌材料での植物生育は土壌生成を促進するため，都市緑地の土壌生成は意外と速い．ある程度，生育に適した条件での植栽基盤の提供が理由にあげられる．一方，先述の異質な材料が植栽基盤のアルカリ化の原因となっており，微量要素欠乏で植

物が枯死する場合がある．また，硬化した下層土壌が排水不良を招き，還元化による植生の生育不良を生じることもある．一方で水平な地表面で土壌が硬化しているために土壌構造が未発達ながらも侵食を受けにくいことは正の側面といえる．近年ではアルカリ化した都市土壌による大気中の二酸化炭素の吸収も正の効果として考えられている．

　都市では地面にだけ土壌が存在するわけではない．屋上緑化は積極的に人がつくった土壌環境である．最近では面積も増加し，作物生産も行われているが，土壌生成の視点での位置づけは明らかではない．一方，管理が行き届かない建物では大気降下物の集積が植物に生育環境を提供している．このような場合も時間の経過に伴って土壌化が進行する．植物生育が旺盛になれば，植物根はレンガの細孔を通り，コンクリートを穿ちそれらも土壌母材にしてしまう力をもっている．都市でも生物の関与によって様々な材料が土壌になっていく．

図1　建物や道路の下では管やケーブルが埋設されている．維持管理での掘り起しで土壌は撹乱されてまた埋め戻される．新しい土壌が投入される場合もあり，隔離されながらも土壌に変化がある．

第 2 部

土のでき方

2-1　土はどのようにしてつくられるのか

前島 勇治

■ ■ ■

　幼い頃，近所の雑木林へ虫捕りに出かけたことはないだろうか．夏の照りつける日差しから逃げるように，林の中に一歩足を踏み入れると，少しひんやりとしていて，ほっとすると同時に，ふかふかした心地よい感触が足裏から伝わってくる．これは，地面を覆うようにして積み重なった落ち葉や枯れ枝に加え，ミミズ，トビムシ，ダニなどの土の中の様々な生物が落ち葉など有機物を食べる際に，岩石が風化して細かくなった砂粒や粘土など無機物も同時に取り込み，その結果として生じた有機物と無機物が混ざりあった物質，すなわち"土"があなたの足下に存在するためである．

　一般に，土壌のでき方は2段階の過程を経る．岩石や火山灰などを出発物質として，それらが物理的に細かくなったり，化学的に変質したりして，まず"母材"とよばれる土壌の原材料が形成される(風化作用の進行)．次に，その母材に何らかの生物作用が関与するとともに"土壌生成作用"とよばれる種々の営力がはたらき"土壌"がはじめて形成される(風化作用と土壌生成作用の同時進行)．

　実際，土壌のでき方を知るためには，野外で地面に穴を掘り，1〜1.5 mの垂直な壁をつくり，その垂直面(土壌断面とよぶ)の深さ方向の移り変わりを観察することから始まる(土壌断面調査とよぶ)．その際，土壌断面を地表面にほぼ平行ないくつかの層(土壌層位という)に分け，層位記号と補助記号を用いて，各層位名を命名する．そして，層位ごとに試料を採取し，実験室に持ち帰り，その性質を分析し，層位の配列(層序という)と分析値から土壌を総合的に考察し「なぜそのような土壌がそこにあるのか？」という究極の答えを導き出す．この一連の流れを扱う学問を"土壌生成分類学(ペドロジー)"とよび，その専門家を"ペドロジスト"とよぶ．ちなみに，熟練した調査ができるようになるには，1000断面以上の調査経験が必要ともいわれ，気の遠くなるような数であるが，プロフェッショナルの域に達したペドロジストは，土壌断面の形態的特徴やその分析値から，土壌のでき方を詳細に「イメージ」することができる．

2-1 土はどのようにしてつくられるのか

では，野外に出て土壌のでき方を観察してみよう．図1は離水年代の異なる隆起サンゴ礁段丘上の土壌を調べた結果を示した．サンゴ礁が海面から離水後，しばらくは風化作用のみが進行し，岩石地の状態が続く．サンゴ石灰岩の窪みに植物や微生物が定着しはじめると，風化作用と併せて種々の土壌生成作用がはたらきはじめる．約3000年で薄い表土 (A層) ができはじめ，サンゴ石灰岩の溶解・溶脱 (脱炭酸塩作用) と有機物の集積 (腐植集積作用) が進む．その結果，有機物とサンゴ石灰岩の礫に富むA層が形成される．脱炭酸塩作用がさらに進行すると，カルシウムなどに保護されていた有機物が微生物による分解を受けやすくなり，次第にA層の黒みや厚さが薄くなる (腐植の分解)．同時に粘土化が進み，遊離鉄によって着色されたBw層が形成される (褐色化作用)．その後，土壌断面か

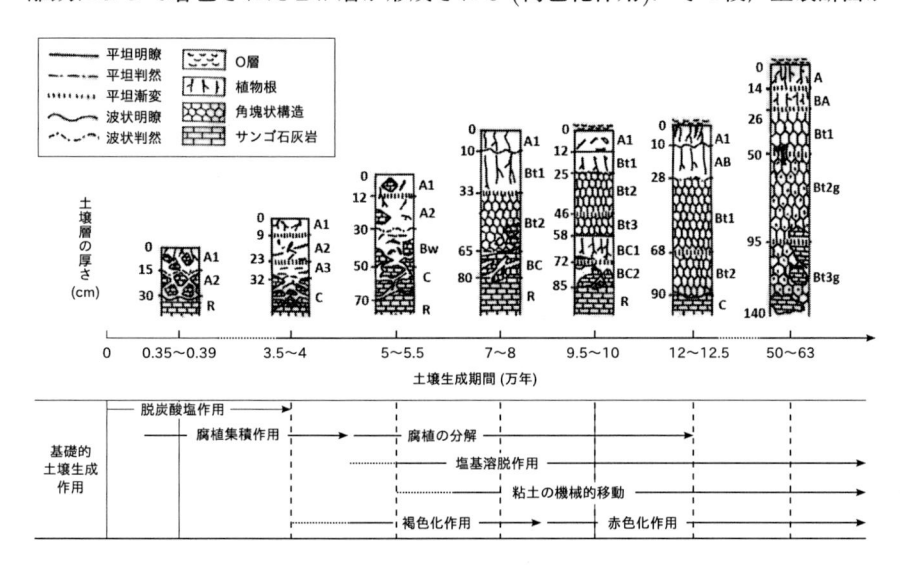

図1 隆起サンゴ礁段丘上の土壌生成過程と基礎的土壌生成作用 (Nagatsuka and Maejima (2001) を改変)．O層：地表に堆積した落ち葉・枯れ枝あるいは植物遺体からなる有機質層；A層：表層またはO層の下に生成された，無機成分を主成分とする層位；B層：A層とC層の中間に位置し，母材よりも風化程度が高く，A層とは構造が異なり，遊離鉄によって赤褐色，褐色，黄褐色を呈する風化層，あるいはA層から洗脱された物質の集積層；C層：風化した岩石の破片からなり，A層やB層ができるもとの材料 (母材) の部分で生物の影響を受けていない層位；R層：風化していない岩盤，基岩；g：季節的な停滞水による酸化・還元の繰り返しにより三二酸化物の斑紋を生じた層；w：色または構造の発達；t：粘土の集積．

ら塩基類(カルシウムやマグネシウムなど)が溶脱しはじめる(塩基溶脱作用)と,表層の粘土が分散し,浸透水とともに下層へ移動集積し,角塊状構造の発達した粘土集積層(Bt層)が形成される(粘土の機械的移動).さらに時間が経過すると,遊離鉄の結晶化が進み,断面全体が赤みを帯びてくる(赤色化作用).以上のように,時間の経過に伴い,徐々に土壌層が厚くなり,層位が分化・形成されていく過程を観察できる.

ところで「所変われば,土も変わる」という認識は,現在は市民権を得ているが,この概念を科学的に確立したのは,現代土壌学の父とよばれるロシアのドクチャーエフであり,土壌に影響を及ぼす因子として,気候,生物,地形,母材(母岩),土地の年代(後に時間)をあげた.現在では,これら5つの因子に"人為"を加えた6つの因子を"土壌生成因子"とよび,これら因子の組み合わせを整理し「なぜそのような土壌がそこにあるのか?」という疑問に答えてきた.

では,それぞれの因子は,土壌断面形態やその性質にどのように反映されるのだろうか.まず,気候因子の諸要素のうち,気温と降水量の違いが土壌のでき方に及ぼす影響を考えてみよう.例えば,年間を通じて温暖湿潤な地域では降水が土壌へ浸透し,塩基類の溶脱が進み,酸性土壌が生成されやすい.一方,雨季と乾季の明瞭な半乾燥地域では,土壌断面中の水分は雨季には下方へ,乾季には毛管現象により上方へ向かうため,石灰集積作用がはたらき,中性〜弱アルカリ性を示す土壌が生成する.

次に,生物因子とは,植生や土壌の中に生息する生物の違いをさす.例えば,わが国のような湿潤気候条件下では,植生の極相は森林であり,森林下では一般に"褐色森林土"とよばれる土壌が生成する.一方,ステップ気候のような半乾燥気候条件下では森林に移行せずに草原が維持され,腐植集積作用により黒色土(チェルノーゼム,プレーリー土)や栗色土など肥沃な土壌ができる.

地形因子とは,土壌が存在する空間的な「場」の違いを示す.例えば,山地,丘陵地,台地・段丘,低地など中地形の違いから,地表面の凹凸のような微地形の違いまで空間的スケールは様々である.特に斜面の場合,その形状や向き,傾斜角の違いにより,日射量や風雨の受け方,積雪量や水分の動きが異なり,また,土壌そのものや母材の斜面下方への移動などにより,その土壌断面形態は大きく変異する.

母材(母岩)因子とは,土壌の無機的材料の違いを示す.例えば,風化しにくい

石英を多く含む花崗岩からは，石英粒子に富む，砂質な土壌が生成されやすく，一方，風化しやすい輝石やカンラン石などを含む玄武岩や蛇紋岩からは，塩基類に富む，粘質な土壌が生成されやすい．ちなみに，わが国の土壌母材としては，火山灰や火山放出物(スコリアや軽石など)および中国大陸内陸部の沙漠やその周辺部に広がるレスを供給源とする広域風成塵も重要である．

時間因子とは，土壌ができはじめてからの時間，いわば土壌の年齢をさす．これまで，岩石や火山放出物あるいは土壌有機物などの年代測定値や段丘面の相対的な年代などから土壌の年齢を推定する試みが行われている．その結果，土壌の年齢は土壌の種類によって異なり，数百年～100万年という範囲で変動するようだが，残念ながら土壌の年齢を正確に測定する方法はいまだ確立されておらず，今後の研究が期待される．

人為的因子は，かつて広義の生物因子に含められていたが，その影響の大きさから，第6の因子として区別されるようになった．例えば，草原を維持するために野焼きを行ったり，野山や低湿地を畑や水田に変え灌漑・施肥したり，丘陵を造成し宅地化したりという具合に，様々な人間活動は，土壌断面形態やその性質に大きな影響を及ぼす．最近では土壌の機能の低下(土壌劣化)を引き起こす主要因となっており，土壌劣化は地球規模の環境問題のひとつとなっている．

以上のような土壌生成因子の組み合わせは，一見，無限に存在するように思えるが，実際は各因子が密接に関連しており，それらの相互関係と土壌生成作用を総合的に考察すれば，土壌のでき方は私たちが認識できる範囲内にある．しかし，名人とよばれるペドロジストどうしでも，土壌のでき方に対する考え方は意見が分かれることがしばしばある．これは，今，目の前にある土壌断面の形態的特徴や諸性質は，土壌の長いライフサイクル(数百年～100万年)の中のある一瞬を垣間見ているだけにすぎず，すなわち，土壌そのものは人間の寿命をはるかに超えた長い時間を経てできた自然物であると同時に，常に変化しつづけるダイナミックな存在であるからだ．

文　　献

1) Nagatsuka, S. and Maejima, Y. (2001). Dating of soils on the raised coral reef terraces of Kikai Island in the Ryukyus, southwest Japan: with special reference to the age of red-yellow soils. *The Quaternary Research*, **40**, 137-147.

2-2　岩石から土への変化

中尾　淳

■ ■ ■

　岩石は複数の鉱物が寄り集まってできた集合体であり，含まれる鉱物の種類や大きさは，岩石によって実に様々である．その岩石をおもな素材としてできる土もまた，鉱物を骨格としているのだが，土に含まれる鉱物の種類や大きさは，もとの岩石からガラリと変化していることが多い．ここでは，その変化の主役である，粘土 (粒径 0.002 mm 以下の粒子) の生成に着目し，土と岩石との違いを明らかにしていこう．

○岩石はどのようにしてできるのか？
　地球は，途方もない年月をかけて，岩石の創造と破壊を繰り返している．その循環のしくみを知るうえで，まずは海の底に注目しよう．海底には海嶺とよばれる山脈が走っており，そこから噴出する地球内部の物質 (マントル) が海水と反応してできる岩石の板 (海洋プレート) は，年間数 cm の速度でゆっくりと動き続け，やがて海水をつれて陸の下に沈み込む (図 1)．海水が地下 100 km 以上の深さまで沈み込みマントルと反応することで，マグマとよばれる高温の液体が生成する．このマグマが地表に噴出した後や，地表に向けて浮上する過程で冷えて固まった岩石を，マグマ (火) からなる岩として，火成岩とよぶ．より高温のマグマでは，カンラン石や輝石，角閃石，黒雲母といった，ケイ素とともにマグネシウムや鉄を主成分とする黒っぽい鉱物 (苦鉄質鉱物) が結晶化し，マグマの温度が低下するにつれて，石英，長石，白雲母といったケイ素，アルミニウム，カリウム，ナトリウムなどを主成分とする白っぽい鉱物 (ケイ長質鉱物) の結晶化が進む．そしてゆっくり固まるほど鉱物の結晶サイズが大きくなる．できたばかりの地球では，火成岩がほぼすべての地表を覆っていたはずである．

　地表を覆っていた火成岩は，風雨にさらされることで徐々に粉砕され，川の水とともに移動し，陸に近い海底や湖に堆積する．苦鉄質鉱物は水に溶けやすいため，もとの火成岩の組成にかかわらず，水底に到達する岩石粒子は主に石英や長

石などのケイ長質鉱物である．この岩石粒子たちは，自らの重さによって圧縮され結合しあい，やがて新しい岩石となる．このように，水中に堆積してできる岩石を堆積岩とよぶ．水中のサンゴや植物プランクトンなどの生物遺骸が堆積し結合してできる岩石も堆積岩の一種であり，大陸からの岩石粒子が届かない遠洋の海底で生成する．深い水の底でできた堆積岩は，海洋プレートが陸の下に沈み込む際に陸の端に付け加えられ，地表に押し上げられることで，やがて新しい陸地を形成する．

このような岩石循環が地球史の中で繰り返された結果，現在では，堆積岩が大陸表層の約75％の面積を覆っているのに対し，火成岩は比較的新しい時代に火山活動があった地域に多くの分布を示す．一方，岩石の由来にかかわらず，いったん固化した後に熱や圧力を受けて鉱物組成を変化させた岩石を変成岩とよぶが，その分布面積は限られている．

このように，私たちの足元にある様々な種類の岩石たちは，それぞれの場所にたどり着くまでに長い旅を経験している．そして，この岩石が土へと変化するためには，さらなる時間の経過を必要とする．

◯ 岩石の風化と二次鉱物の生成

岩石は，サイズの縮小と組成の変化を経験しながら，有機物と混じりあい，やがて土に至る．まずはサイズの縮小に注目しよう．岩石に含まれる鉱物は，温度の変化に伴い膨張と収縮を繰り返す．この過程で，岩石中にゆがみや亀裂が生まれ

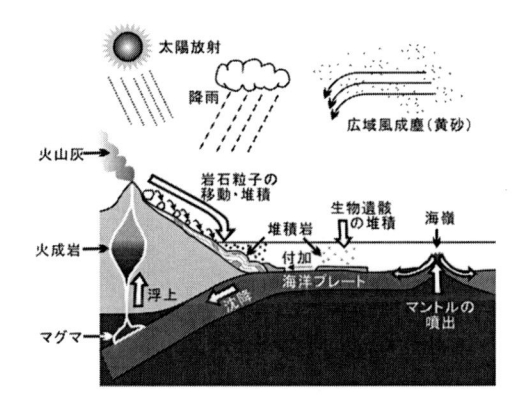

図1 地球上における岩石の循環．

るようになり，岩石の破砕が進む．気温の日較差が大きい砂漠などの乾燥地では，この作用が特に強くはたらく．また，岩石の隙間への植物根の侵入や，水の浸入と凍結膨張によっても，岩石の破砕は促進される．結晶サイズの大きな鉱物を含む岩石ほど隙間が生まれやすいため，これらの影響を強く受ける．また，河川水や氷河との接触を受けることで，岩石は外側から剥ぎ落とされる．もとの岩から剥がれ落ちた岩石片は，風や水，氷河などの作用によって移動する中で，地面や他の岩石片と衝突し，砂 (粒径 0.02〜2 mm の粒子) やシルト (粒径 0.002〜0.02 mm の粒子) の大きさの鉱物粒子に縮小される．このように，化学反応を伴わない岩石の破砕を物理的風化とよぶ．岩石の物理的風化には非常に長い年月が必要であるため，火山灰や広域風成塵 (毎年春に日本に飛来する，いわゆる黄砂) のような，はじめからサイズが小さい鉱物粒子は，土の材料としてたいへん貴重である．

　次に組成の変化に注目しよう．岩石が水と接触することで起こる，水和，加水分解，酸化還元といった化学反応による鉱物の溶解や変質を，化学的風化とよぶ．化学的風化は，土の中を通過する水の量が多く，かつ水の温度が高い環境ほど速く進む．砂やシルトまで小さくなり，水との接触面積が増えた鉱物粒子は，化学的風化を受けやすくなるが，風化速度は鉱物の種類や鉱物内の元素の種類によっても大きく異なる．一般に，高温のマグマの中でできた鉱物ほど地表では不安定で溶けやすい．その代表である苦鉄質鉱物やカルシウムを含む長石などが砂やシルトまで小さくなると，鉄やマグネシウム，カルシウム，アルミニウムなどのイオンやケイ素 (ケイ酸) を放出しながら溶けてしまうため，火山灰や超塩基性岩 (苦鉄質鉱物を非常に多く含む岩石) からできた若い土を除けば，土に残っていることはまれである．逆に生成温度が低い石英やカルシウム型以外の長石類は，化学的風化に対する抵抗性が高いため，少しずつイオンやケイ素を放出するものの，砂やシルトサイズの粒子として土に残りやすい (図 2)．そのため，特に石英を多く含む岩石は砂っぽい土をつくることが多い．一方，雲母はシート状構造の大枠を残しつつシートの間のカリウムイオンを放出することにより，バーミキュライトとよばれる鉱物を構造の一部に形成しながら粘土サイズの粒子へと変化する．

　化学的風化によって水に溶けだしたイオンやケイ素はそのまま土から失われるのだろうか．実は，ケイ素，アルミニウム，鉄の多くが，粘土サイズの新しい鉱物に再合成される．そのため，苦鉄質鉱物を多く含む岩石からは，粘土に富む土ができやすい．土の中で再合成された鉱物は二次鉱物とよばれ，岩石にもともと

存在していた状態から組成を変えずに土に残っている鉱物 (一次鉱物) とは区別される．粘土サイズまで細かくなった雲母も，二次鉱物に含められることがある．

二次鉱物の中でも，その形態や性質は様々である．ケイ素とアルミニウムは，酸素原子を介して結合することでシート状の鉱物をつくるが，それぞれの存在比やpHによって，生成する鉱物は異なる．ケイ素が豊富な条件では，Si/Al 比が 2：1 のスメクタイトが生成する．スメクタイトやバーミキュライトは鉱物内部に負電荷をもつため，正電荷をもったイオンを吸着・固定することができる．一方，化学的風化が進むにつれてケイ素は徐々に溶脱するため，Si/Al 比が低下したシート状の鉱物であるカオリナイトやギブサイトが生成するようになる．これらの鉱物はイオンの吸着能が小さいため，化学的風化が進みすぎた土はイオン性の養分を保持することが難しくなる．鉄は，水と反応して遊離鉄とよばれる沈殿を形成する．この遊離鉄は土の黄色や赤色のもととなるだけでなく，リン酸などの栄養素を吸着・固定する性質をもつ．また，図には示していないが，火山灰からできた比較的若い土には，アロフェンやイモゴライトとよばれる低結晶性の二次鉱物が多く含まれる場合があり，これらはリン酸や土壌有機物を強く吸着する．

このように，土の中で生成した二次鉱物は，いろいろな物質やイオンを吸着する能力にかかわるため，養分を保持・供給したり，重金属や放射性物質など汚染物質の移動を制御したりする土のはたらきに深くかかわっている．また，土が伸び縮みしたりネバネバしたりする物理的特性にも大きくかかわっている．すなわち二次鉱物の存在こそが，土と岩石粒子の集合体とを分けるはっきりとした違いである．

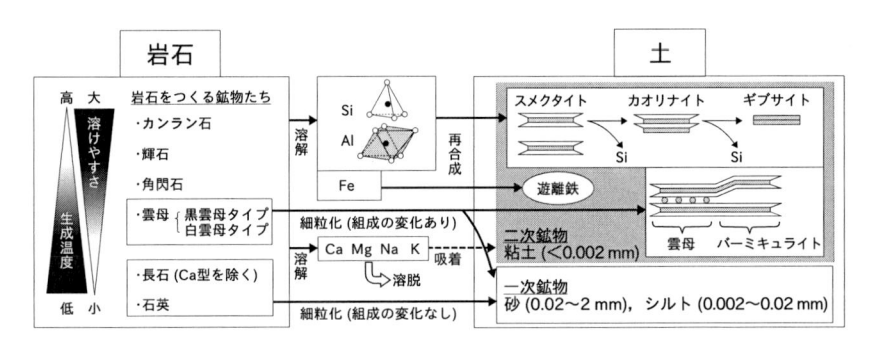

図 2 岩石から土への変化の道すじ．岩石をつくる鉱物たちは，組成の変化を伴わない細粒化 (物理的風化) と組成の変化を伴う細粒化や溶解・再合成 (化学的風化) を経て，土の骨格である新しい鉱物たち (一次鉱物と二次鉱物) に生まれ変わる．

2-3　土の生成に及ぼす地形の影響

渡邉 哲弘

■ ■ ■

　火山活動や土地の隆起により山ができ，そこに降った雨が川となり岩や土を削りながら流れることで谷をつくる．谷から流れ出た水は合流を繰り返して大きな河川となり，そのまわりには河川が運んできた土砂が堆積した平野が広がる．山，谷，平野，…地形が異なると，土の性質はどのように違うのだろうか．ここでは，地形が土に与える影響を，その他の土壌生成因子と関連づけながら説明する．

◯ 水を介した影響――水と養分は下に流れる――

　地形はまず水の動きを通して土に影響を与える．例えば，山地に雨として降ってきた水は，土に浸み込みあるいは土の表面を流れて，より下の方へ流れていく．そうすると相対的に尾根部は乾き，谷部は湿ることとなる．またこのときに水は，土の養分を溶かしこみ有機物に富む表土といっしょに動くので，尾根部よりも谷部の方で養分が多くなる．このことは林業にも活かされており，「尾根マツ，谷スギ，中ヒノキ」という言葉で表されるように，より乾燥し貧栄養な尾根部ではそれに強いマツを，水分養分ともに多い谷部ではスギを植える．一連の地形の最も下部では水が溜まりやすく湿地になっているかもしれない．その場合，土の中には酸素が少ないために，有機物が分解せずに残っており，また土に赤や黄の色を付けている酸化鉄が還元条件下で溶けるために土は灰色をしているだろう．

　日本では山地のふもとの平野には水田が広がっている．水田の生産性はきわめて高いが，その一つの理由として山地から流れてきた養分や有機物に富む森林の表土を含む水を，灌漑水として利用していることがあげられる (図1)．

◯ 地形と他の土壌生成因子

　地形は他の生成因子 (気候，生物，母材，生成時間) とも関係しながら土の性質に影響を与える．

　まず標高が高くなるにつれて気温は低くなり降水量は増加する．気温が低いと

水の蒸発や植物からの蒸散の量も少なくなるので，標高が高い方が土の中を流下する水の量が多くなる．気候が土に与える影響は 2-4 を参照されたい．

　植生は標高に伴う気候の変化や，先に述べたような地形にともなう水の多寡に応じて変化する．植生は落葉落枝の添加などを通して土の生成に影響する．

　地形は母材についての情報も与える．日本では山地は火山であるか，古く固い固結岩からなっている．山地よりもなだらかな丘陵はより新しく比較的固くない堆積岩からなることが多い．段丘や台地，平野はさらに新しい堆積物からなる．また日本には火山が多いために火山灰を母材とした土が広く分布するが，この火山灰は，火山周辺とともに丘陵や台地の侵食されにくい平坦な場所に残りやすい．

　地形は土の生成時間とも関係する．山地では上部の急な斜面で侵食が起きるために土層が薄く，一方で緩やかな下部には運ばれてきた土砂が堆積し厚い土層が形成される．土は「その場所」の環境を反映して生成したものであるから，この場合いずれも「若い」土とされる．対照的に平坦な地形の上では侵食が起きにくいので，古い土が分布しやすい．

◯ 地形から考える土の生成

　山地の尾根と谷，台地，平野，…それぞれの場所に土は存在し，その場所の草木や農作物を支えている．身近な地形にある土をみながら，この土はいつどこからきたのだろうか，この土の中を水と養分はどのように動いていくのだろうか…．このようなことを想像してみると，土の成り立ちがわかってくる．

図1　山とそのふもとの水田．地形は水の動きを介して，土の性質に影響を与える．

2-4 土の生成に及ぼす気候(温度・水分状態)の影響

藤嶽 暢英

■ ■ ■

　温度と水分の状態は物理的,化学的,生物的反応を大きく左右する.普通,化学反応の速さは 10 ℃温度が上昇することで 2 倍以上になるため,熱帯では温帯よりも激しく反応が進む.地表に供給された有機物の分解(無機化)は微生物によるが,微生物の活動は温度と水分条件に依存する.降水量の多い地域では雨水が水に可溶な成分を土壌の下方に移行させ,乾燥地では降水量を蒸発量が上回るために水に溶けた成分が地下から上昇して地表近くに移行される.このように,気候に応じた温度・水分条件はその地域に特有の土壌生成作用を卓越させ,結果として図 1 に示したように,気候の違いに応じた土壌 (成帯性土壌) が生成される.ここでは温度と水分の条件に応じた成帯性土壌の種類とそれに応じた生成作用について述べる.

○ 寒冷帯・過湿〜湿潤気候の土壌生成作用

　北欧やシベリアなどの冷涼で極端な過湿性条件下では微生物活動が緩慢になる.

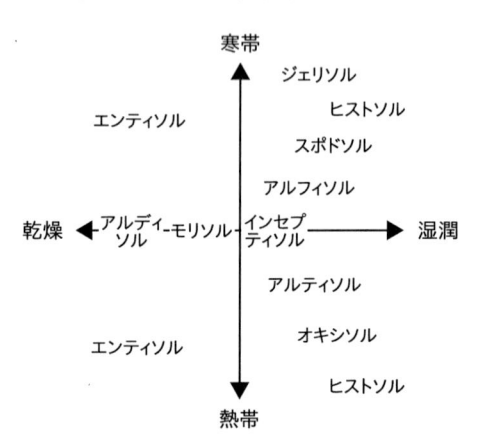

図 1 気候と土壌の関係 (土壌名は米国分類の目単位).

2-4 土の生成に及ぼす気候 (温度・水分状態) の影響

特に5℃以下の温度では微生物による有機物の分解はほとんど進行しない。このような条件の場合，植物生育期間である春〜秋に相当する期間に土壌に供給された新鮮な植物遺体はほとんど分解されずに残存し，わずかな有機物の変質(腐植化)を伴いながら次年の植物生育期間へと持ち越される。こうして分解未熟な有機物が経年累積することで図2に示したような数十cmからときとして数mの厚さに及ぶ有機質土層(O層)が形成され，ヒストソル(泥炭土，ピート土壌)が形成される。

冷涼湿潤な針葉樹林地では微生物の活動はやや活発となるが依然として植物遺体の分解は不良で，図3に示したモル型とよばれるO層の形態が観察できる。すなわち，未分解のOi(L)層とやや分解が進んで植物繊維や組織が残った状態のOe(F)層，さらにが進んでグリース状の腐植からなるOa(H)層が累積し，時系列的な有機物の分解・変質過程が明瞭に観察される。有機質土層が数十cmに及ぶために酸素供給が下方ほど少なくなり，湿性条件も加わるために，腐植化による酸性腐植の生成と有機酸発酵が相まって，多量の有機酸を含む浸透水がO層から鉱質土層に供給される。その結果，鉱質土層中のカルシウム，鉄，アルミニウムなどが溶解されて下層に移動・集積し，黄〜赤味の原因物質である酸化鉄が溶脱してケイ酸質だけが残存した土層では灰白色(漂白色)を呈する。これらの一連

図2 ヒストソル(泥炭土，ピート)．スコットランド．植物遺体由来の有機物だけで形成されたO層が110 cmの深さまで累積している．当地では燃える土として燃料に利用され，現在でもウィスキー原料である大麦の加熱乾燥などにも利用されている．(口絵参照)

の生成作用をポドゾル化と称し,スポドソルという土壌が形成される.

○ 熱帯湿潤気候の土壌生成作用

熱帯のように温度が高い地域でも極端な過湿条件下では,微生物活動が抑制されるために有機物分解が進行せず,ヒストソルが形成される.

湿潤条件下では微生物分解による有機物の無機化が活発に起こるため,Oe層やOa層がほとんどみられないO層(図3:ムル型)が観察される.ただし,分解が極端に進行して土壌に残存しないために,図3のムル型に示したような厚いA層は観察されない.多量の降水は土壌鉱物の激しい化学的風化を促し,ナトリウム,カルシウムなどの陽イオンが浸透水に溶解する塩基溶脱作用と,比較的風化しやすいケイ酸質の可溶化による洗脱が進み,相対的に鉄やアルミニウムの酸化物が残留富化し(鉄アルミナ富化作用),風化抵抗性の高いカオリナイトや石英を含む暗赤色の厚い土層をもつオキシソルが形成される.

熱帯に比べてやや低温(温暖)な地域でも長年の激しい浸透水の影響で塩基溶脱作用が起こり,粘土鉱物も浸透水に懸濁して下方移動し下層に集積する(粘土の機械的移動).粘土とともに機械的に下方移動した鉄酸化物の集積を反映して黄～赤色の下層をもつアルティソルが形成される.

○ 乾燥気候の土壌生成作用

低温であれ高温であれ,極端に乾燥した地域では植生がほとんど成立しないためにO層はほとんどみられず,生物的反応も進行しない.また,反応を介在する水が少ないために化学的反応もほとんど進行しない.熱変化の激しさによる物理

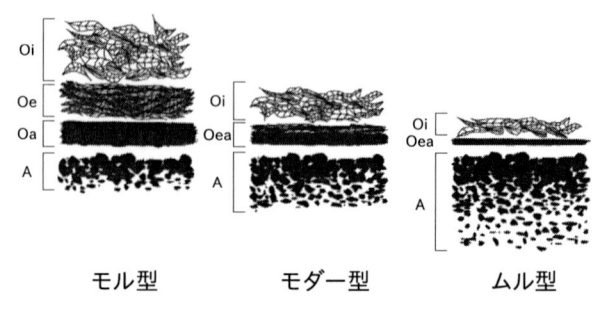

図3 有機質土層(O層)の形態.

的風化 (破壊) が進行することで,岩砂漠や礫砂漠とも称されるような未熟土,エンティソルが形成される.ただしエンティソルは,最近の堆積物から生成した土壌や急傾斜で侵食されたために土壌生成期間の短い未熟な,つまり若い土壌の総称であるため乾燥地に特有な土壌というわけではない.耐塩性・耐乾性の植生が一部見られるような一般的な砂漠土はアリディソルとよばれ,塩分に富むか,炭酸塩,硫酸塩,ケイ酸塩の集積層をもつ.なお,乾燥気候ではないが極端な寒冷地で下層に永久凍土が存在する未熟土はジェリソルとよばれ,水の凍結・融解作用による物理的風化と地形撹乱が観察される.いずれにしても水分が一定条件以下の場合は土壌生成作用は進行せず,未発達な土壌しか成立しない.

○ 温帯湿潤〜半乾燥気候の土壌生成作用

温帯湿潤な落葉広葉樹林下では図3に示したモダー型やモル型のO層をもつ土壌が分布する.塩類やその他の可溶性成分の溶脱がある程度進行して粘土の下方移動がみられる土壌はアルフィソルとよばれ,B層の土壌構造単位の表面に粘土皮膜 (キュータン) が観察される.同じような条件下でもアルフィソルのような粘土移動がみられない,やや未熟な土壌はインセプティソルとよばれる.いずれの土壌も鉱物風化による非晶質の含水酸化鉄が遊離することで,褐色を呈する場合が多い.

アルフィソルやインセプティソルよりやや乾燥した地域では草本植生が優占し,モリソルとよばれる世界で最も肥沃な土壌が発達する.草本類は木本類と違って土壌表層部に根が密生する特徴があり,落葉落枝によるO層からの有機物供給以上に,枯死根によって直接鉱質上層であるA層に供給される有機物量が多い.A層はO層よりも相対的に酸素濃度が低く微生物活動はやや緩慢となるうえに,元来乾燥気味な水分条件であることも相まって,完全な有機物分解 (無機化) は抑制され,相対的に腐植化が進行しやすい.このため,腐植質に富み暗色で団粒構造の発達したA層が形成される.水に溶けやすい塩化物や硫酸塩の大部分は雨季に溶脱するが,炭酸カルシウムや炭酸マグネシウムは溶解度が低いために土壌下層に集積する.乾季には降水量を蒸発量が上回るために下方から地表に向かって水が移動し,集積した炭酸カルシウムや炭酸マグネシウムから溶け出したカルシウムやマグネシウムがA層の粘土や腐植に保持される.この石灰集積作用が累積して塩基飽和度の高い肥沃な土壌が形成される.

コラム3　土壌生成の実際
―三宅島噴火後の土壌断面の発達と植生―

加藤 拓

　日本の土は若い．「少子高齢」化が進むわが国ではあるが，土の観点からすると，日本は世界有数の「多子若年」を維持しつづけている国である．世界の陸域面積の 0.3 % に満たない日本の国土に，世界の活火山の 7 % を占める 108 座もの火山がある．これら多数の火山から放出された噴出物が日本の土を幾度も幾度も再生しつづけているのである．近年では有珠山 (2000 年)，三宅島 (2000 年)，新燃岳 (2011 年)，御嶽山 (2014 年) が噴火しており，これらの噴出物が堆積した地では新たな土壌生成 (初成土壌生成) が始まっている．

スコリアを母材とした百数十年間の初成土壌生成過程

　2000 年噴火が記憶に新しい三宅島は 1874，1940，1962，1983 年にも噴火している．2000 年以前の噴火は火柱が立ち，溶岩が流れるといった玄武岩質マグマ特有の噴火様式を示した．火柱となって放出されたマグマは，大気中での冷却時に内包したガスの放出によって多孔質な黒い軽石 (スコリア) を形成する．噴火堆積したスコリアは「スコ

図1　三宅島 (雄山) 2000 年 8 月 10 日の噴火．圧倒的な質量感をもった噴煙が立ち上る．本噴火の前後数回で島内全域に降灰をもたらした．

コラム3 土壌生成の実際—三宅島噴火後の土壌断面の発達と植生—

リア丘」と称されるお椀を伏せたような独特な地形面を形成する．三宅島では噴火年代の異なるスコリア丘が互いに独立して存在しており，各スコリア丘は噴火の影響を受けなかった近在の森林からの種子供給に常にさらされた状況にある．種子が毎年のように飛散してきているにもかかわらず，いちばん若い1983年スコリア丘には植物が育たず，1940年と1962年のスコリア丘には多年生草本(ハチジョウイタドリ・ハチジョウススキ)がパッチ状に群落を形成し，いちばん古い1874年スコリア丘には落葉広葉樹・常緑広葉樹混交林(オオバヤシャブシ・タブノキ)が成立するといった植物群落の移り変わり(植生遷移)が観察できる．なぜ，土壌生成因子のうち気候・母材・地形が同じであるにもかかわらず，このような植生の違いが生じたのだろうか．

三宅島のスコリア丘では噴火年代が古くなるにしたがって，土壌断面形態はC断面からA/C断面へと発達し，風化および土壌生成作用によって母材であるスコリアが細粒化する．植物根は深くまで伸長する上に量も増加していき，A層の厚さはそれに対応して増してくる様子が観察できる．しかし，いちばん古い1874年スコリア丘でも土壌構造の発達は認められない．まだまだ若い土壌といえるが，それでも地上には立派な混交林が成立できる．化学分析の結果を鑑みると，噴火年代が古くなって植生遷移が進むにしたがって，二次鉱物の生成は認められないものの，土壌有機物(腐植)量が増加し，それに伴いCECおよび交換性塩基が増加する．塩基飽和度が常に100％の状態で維持されていることから，土壌の養分増加量は土壌の養分保持力が制限要因となっており，初成土壌では養分の保持力に対して供給力が上回っている状態が維持されているといえる．土壌生成作用によって土壌養分量が植物群落Aの成立に必要な規定値に達すれば，植物群落Aに遷移し，その植物群落Aが次のステージの土壌生成作用の一因となって，植物群落Bに遷移するのに必要な土壌養分量を担保できるよう土壌化を促す．つまり，植生遷移と初成土壌生成過程は「表裏一体」の関係にあるといえる．

火山灰を母材とした数年間の初成土壌生成過程

三宅島2000年噴火は山頂での水蒸気爆発によって島全域に数mmから数十cmの火山灰を堆積させたことと，陥没により山頂に巨大なカルデラを形成し，一時は5万トン/日を超す二酸化硫黄放出量を記録するなど多量の火山ガスを放出したことが特徴である(図1)．火山灰は噴火直後から多量の硫酸カルシウムを含有したものの，火山ガスの影響によりpHは4.0から3.1へと急激に低下し，火山放出物由来のアルミニウムの溶出が生じた．植物の実生および落葉落枝からの有機物供給が見込めない状況下であっても土壌有機物量，特に微生物バイオマス量は年々増加した．詳細はコラム4で述べるが，数年間の初成土壌生成過程では植物群落以上に微生物群集の遷移が顕著である．

コラム4 土壌生成の実際——三宅島初成土壌の微生物遷移——

藤村 玲子

新しい火山灰堆積物にも微生物は住んでいるというと意外に思うかもしれない．その数は細菌細胞の数にして，火山灰 1 g あたり 100 万個体にも上る．残念ながら森林土壌には及ばないが (10〜100 倍)，一見すると不毛の地である初成土壌 (コラム 3 参照) にも微生物はたくさんいるのである．ではどのような微生物が生活しているのだろう？ ここでは，初成土壌に住みつく微生物とそれをとりまく環境との関係について，三宅島 2000 年噴火火山灰堆積物の研究を例にあげ解説する．

微生物は初成土壌生態系のパイオニア

新鮮な火山噴出物は初成土壌であると同時に新たな生態系形成の場でもある．植物より先にその場に住みはじめるのは，細菌やアーキアといった多彩な代謝能力をもつ微生物群である．なかでも大気中の二酸化炭素 (CO_2) や窒素ガス (N_2) を有機物に変換 (固定) できる種が有利に生息できる．このような機能をもち，初めに住みつく生物は開拓者 (パイオニア生物) とよばれ，他の生物が直接利用可能な物質 (有機物やアンモニア，硝酸など) の供給に貢献していると考えられる．

初成土壌のパイオニア生物に必要なもうひとつの条件は，有機物に依存しないエネルギー生産が可能なことである．多くの従属栄養生物は有機物分解により生育に必要なエネルギーを得ている．しかし有機物の乏しい初成土壌で利用できるエネルギー源は，光か無機化合物である．ちなみにこれらを利用する生物のうち，炭素源が無機炭素 (CO_2 など) である場合は，前者を光合成独立栄養性，後者を化学合成独立栄養性とよぶ．これまで一般的に考えられていた初成土壌のパイオニア生物は，窒素固定能をもつ光合成独立栄養微生物である．しかし近年，化学合成独立栄養微生物もまた，パイオニア生物となりうることが知られてきた．例えばハワイ島・キラウエア火山溶岩堆積物やフィリピン・ピナツボ火山泥流堆積物では，大気中の微量ガス成分である水素や一酸化炭素を酸化してエネルギーを得る細菌群が炭素供給に貢献していると示唆されている．

三宅島初成土壌のパイオニア生物は誰だろう？

三宅島 2000 年噴火で火山灰が堆積してから約 4 年後．この時点ですでに従属栄養細菌も生息していたが，化学合成独立栄養細菌の割合が森林土壌に比べて高いことが特徴的だった．水素や硫黄を利用する水素酸化細菌や硫黄酸化細菌も検出されたが，顕著に高かったのは二価鉄イオン (Fe^{2+}) をエネルギー源として利用する鉄酸化細菌だ (森林土壌では検出限界以下)．特に優勢していた種類の鉄酸化細菌は窒素固定能も有することから，パイオニア生物として重要な機能を果たしていると考えられた．これは，今までの報告にあるパイオニア生物とはまったく異なるタイプである．だがこの鉄酸化細菌，そ

の後たった 6 年のうちに減少してしまう．いったいなぜなのか．そこにはある環境要因が関係していた．

三宅島初成土壌生態系の遷移と環境要因

三宅島 2000 年噴火の最大の特徴に，噴火後から続く二酸化硫黄ガスの放出があげられる．このため火山灰は酸性となり (コラム 3 参照)，鉄酸化細菌の生息に最適な環境が成立していたと考えられる．すなわち Fe^{2+} は pH が低いほど安定して存在できるため，やや強い酸性 (pH 3.5 程度) を示す堆積物中で適度に供給されていたのだろう．しかしその後 10 年間で二酸化硫黄ガスの放出量は大幅に減少する．結果，堆積物の pH 上昇に伴う自動酸化で Fe^{2+} が減少し，鉄酸化細菌に適さない環境に変化したと考えている．実際に鉄酸化細菌の占有率は堆積物の Fe^{2+} 濃度と正の相関が認められ，さらに Fe^{2+} 濃度は堆積物の pH や硫酸イオン濃度との関連性が示されている．以上から，二酸化硫黄ガスによる堆積物の酸性化は三宅島初成土壌で鉄酸化細菌が優勢した理由のひとつといえる．

それでは二酸化硫黄ガスの放出量がさらに減少すると，生態系はどのように変化するのだろうか？ 二酸化硫黄ガス被害の多い地点 (A) と被害がより少ない地点 (B) の間で堆積後 9 年程度の微生物生態系を比較すると，B では化学合成独立栄養細菌の割合が 2 割以下となり，群集組成は森林土壌とより高い類似性を示した．また，A で割合が高かった炭素・窒素固定遺伝子も B では低く，そのかわりに脱窒遺伝子群の割合が増加していた．すなわち森林土壌をゴールとすると，二酸化硫黄ガスの影響が小さいほうが初成土壌生態系の発達はより早く進むといえる．

現在，地点 (A) では二酸化硫黄ガスの減少に伴い植生が回復しはじめている．植生の発達は土壌環境を大きく変えるため，初成土壌微生物生態系も大きな転換期にあるといえる．土壌の生成には気の遠くなるような時間を要するが，「初成土壌」微生物生態系から「土壌」微生物生態系への発達はあっという間なのかもしれない．その時間的スケールや植生との関係は，今後の継続的な調査により明らかにされることだろう．

第3部

土のはたらき

3-1 土壌がないと世界は？
―土壌の様々な機能―

矢内 純太

■ ■ ■

　地球上において，土壌はどのような機能をもっているのだろうか．言い換えると，土壌がないと，地球上でどんな不具合が生じるのだろうか，あるいは土壌がなくても全く問題はないのだろうか．この章では，土壌の機能についていっしょに考えてみることにしよう．

　まずは，私たちの暮らしを考えてみよう．毎日の食事で食べるご飯やパンは，イネやコムギを土壌で栽培することで手に入る．キャベツもオレンジも牛肉も，土壌がないと食べられない．また，お気に入りのジーンズは綿花から得られる綿を使って織られている．大好きな山登りのときにみられる美しい森は土壌の上に成立しているし，いつも途中で飲むおいしい湧水も土壌がないと飲めないかもしれない…．このようにみてくると，土壌は私たちの暮らしに密接にかかわっていることがわかるだろう．そこで，土壌がもっている様々な機能を，より詳しく具体的にみてみることにしよう．

○生産機能

　土壌がもつ第一の機能として，陸上生態系において植物生育を支える「生産機能」がある．すなわち，土壌は植物に養分と水を供給し，根を張り巡らせる物理的基盤を与えることにより，植物を育んでいる．このおかげで，自然生態系においては森林や草原が成立し，また人間活動とのかかわりでは，作物生育を通じた食料生産(農業)が可能となっているのである．その意味で，人間の立場からいえば，この機能は「食料生産機能」とよべるだろう．人間が歴史的に土壌の機能を最も認識してきたのは，「種を播けば作物が育つ」という土壌のこの不思議な力についてであったと思われる．また，私たち人間を含む様々な動物が，食物連鎖を通じて植物に依存していることを考えれば，陸上生態系のすべての生物が土壌の「生産機能」に支えられているともいえるだろう．

○分解機能

　土壌のもつ第二の機能として，有機物の分解を司る「分解機能」があげられる．この機能がなければ，陸上は植物や動物の遺体で厚く覆われてしまうことだろう．森林の落ち葉や枯れ枝が次第に分解されて，その中に含まれている養分が放出されたり，あるいは稲わらや動物の糞などの各種有機物が土壌に適切に還元されると「肥やし」となったりすることは，いずれも土壌が分解を通じて，次世代の動植物に養分を引き継いでいくというはたらきも担っていることを示している．(その意味では，この機能は，物質やエネルギーの「循環機能」とも深くかかわっている)．私たちが命を終える際，「土に還る」といういい方をすることから，土壌の分解機能は私たちの死生観にも密接につながっているともいえる．いずれにせよ，生産機能と分解機能の両方を担っているところに，土壌の重要性が認められる．

○保水・透水機能

　第三に，水の動きを規定する「保水・透水機能」があげられる．土壌中に様々なサイズの孔隙が存在するおかげで，土壌は水分を一時的に溜め込むとともに，その後ゆっくりと放出することができる．地下水をためたり水源を養ったりすることや洪水を防止することなどは，いずれも土壌のこのはたらきに依存している．近年，日本の国土で台風や大雨があるたびに洪水が頻発するのは，森林が荒廃し，森林の「緑のダム」としての機能が低下しているためとよくいわれる．しかし厳密には，それは森林土壌の保水機能が低下していることにほかならない．

○浄化機能

　第四に，土壌中を通過する水から不純物を除去する，「(水質)浄化機能」がある．このことが可能となるのは，土壌が重金属などの有害物質を含む様々な不純物を吸着・除去できるきわめて大きな表面積をもつことと，土壌中に入ってくる様々な有害有機物質を分解してしまう多様な微生物が生息していることによる．実際，スプーン1杯の土壌はテニスコートより広い表面積をもつといわれており，これが多様な物質を吸着し水質を浄化するのに役立つのである．

○土壌生態系保全機能

　第五に，土壌は多くの土壌生物に生息環境を提供するという「土壌生態系保全機

能」をもっている．モグラやミミズ，シロアリなどの土壌動物に加えて，多くの土壌微生物が，土壌に生息している．すなわち，一握りの豊かな土壌には，何千種からなる，数十億個体の微生物が含まれているといわれる．個体数からいえば，世界人口に匹敵する数の生物が，一握りの土の中で生きているということである．その意味で，土壌は個体数としても種の多様性としても非常に豊かな生態系を育んでいる．なぜ，これほど多様な生物がこれほど少量の土壌で生きられるのだろうか？それは，土壌が多様な生息環境を提供できることによる．土壌は一見均質にみえるが，実は土壌構造をつくって様々なサイズの孔隙を生み出し，空気(酸素)や水分の入り具合によって様々な環境をつくりだしている．そのため，きわめて多様な微生物が生息できるのである．土壌中の様々な物質の形態変化はこれら土壌微生物のはたらきによるし，ストレプトマイシンやアクチノマイシンといった抗生物質・薬剤も，この多様な土壌微生物から得られたものなのである．したがって，土壌における多様な微生物は，人間の暮らしを支える重要な資源であるともいえよう．

○ その他の機能

　ここまで，土壌がもつ重要な機能を5つ述べてきたが，土壌はこれら以外にも多くの機能を果たしている．まず，土壌は水分やエネルギーとともに炭素・窒素・リンなどの各種元素の地球上での循環を担っている．例えば，土壌には大気中の3倍以上の炭素が保持されており，大気中の二酸化炭素濃度上昇などに由来する地球温暖化とのかかわりでも，土壌有機物の減耗を抑える適切な土壌管理が求められている．また，土壌は道路や鉄道，建物などの基盤を提供している．したがって，これら基盤となる土壌の性質を理解しないと，しっかりとした建造物を建てることはできない．さらに，土壌は，各種の建築資材や窯業の原料となる．すなわち，家壁の材料として，土器や陶器の材料として，あるいは化粧品の構成成分として，人間の暮らしに密接にかかわっている．加えて，土壌は景観の構成要素としても重要である．例えば，木々の茂る山があり，きれいな水の流れる川があり，田んぼで稲穂が頭を垂れている，というような私たち日本人の「原風景」的な景観は，土壌が存在しなかったならば，おそらく大きく変わっていたことであろう．

○ 土壌にかかわる生態的機能と人類の未来

以上見てきたように,土壌は実に様々な機能を果たしている.その意味で,土壌は陸上生態系という環境の基盤であるとともに,人間の食料生産の基盤であり,ひいては人間の暮らしそのものの基盤でもある.したがって,私たちは土壌の重要性を十分認識する必要があるだろう.また,これまで述べてきた土壌の機能を人間にとっての土壌の役割・有用性という文脈でとらえなおす試みも行われている.それによれば,様々な機能をもつ土壌を適切に保全すること(これを「土壌保障」とよぶ)は,1) 食料保障,2) 水保障,3) 気候変動の緩和,4) 生物多様性の保全,5) 生態系機能の提供,6) バイオエネルギーの安定供給に直結するという (図1).そのため,人類の平和で持続的な発展のために不可欠なこれら生態的機能を守るためにも,土壌保障(土壌保全)が強く求められているのである.

私たち自身のために,またすべての生物のために,かけがえのない自然資源である土壌を大切にしたいものである.

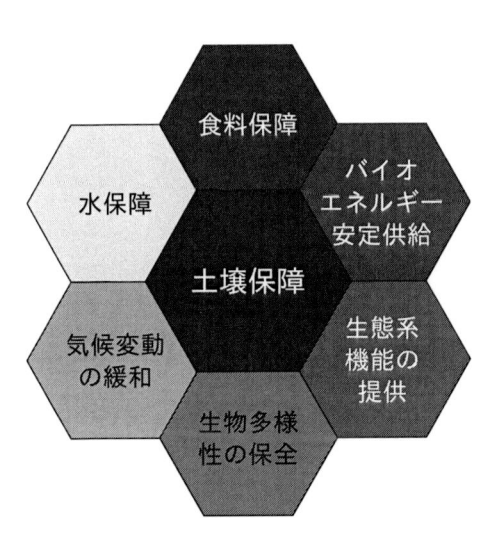

図1 土壌保障と様々な生態的機能とのかかわり (McBratney *et al.* (2014) を一部改変).

3-2　電荷の発現とイオン交換

森　裕樹

■ ■ ■

　土壌に含まれる鉱物や有機物がもつ特徴の一つとして，これらがマイナスまたはプラスの電荷を帯び，反対の電荷をもつイオンを吸着することがあげられる．土壌の電荷発現およびイオン吸着現象は，農業や環境科学において大きな役割を担っている．ここでは，土壌を構成する物質が電荷をもつしくみや，生じた電荷へのイオンの吸着反応，そして農業や環境における意義についてみていこう．

○土壌が電荷をもつしくみ

　土壌の電荷は，その発生するしくみにより「永久荷電」と「変異荷電」の2種類に分けられる．

　永久荷電とは，土壌に含まれる粘土鉱物が生成する過程で鉱物内部に生じる，マイナスの電荷のことである．粘土鉱物の結晶構造そのままに，ケイ素四面体シートの四価の Si^{4+} の一部が三価の Al^{3+} に，またはアルミニウム八面体シートの三価の Al^{3+} の一部が二価の Mg^{2+} や Fe^{2+} に置き換わる（同形置換という）ことで，結晶の内部でプラスの電荷が不足し，結果としてマイナスの電荷を生じる（図1）．この電荷は鉱物内部に生じているため，土壌中に含まれる溶液（土壌溶液）のpHやイオン濃度が変化しても電荷量が変わらない．同形置換の量は特に2:1型粘土鉱物に多く，多い順に，イライト，バーミキュライト，スメクタイトである．ただし，イライトは後述するカリウムの固定によってすでに大部分のマイナス電

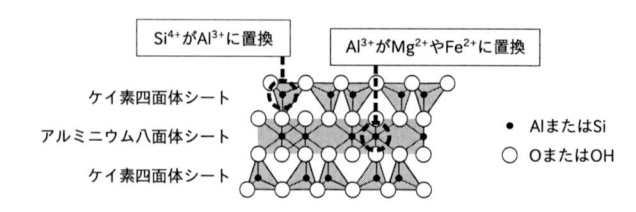

図1　2:1型粘土鉱物に生じる永久荷電．鉱物の種類により，同形置換が起こる部位，同形置換にかかわる元素の種類は異なる．

荷が中和されているため，陽イオン吸着に寄与するマイナス電荷が最も多いのはバーミキュライトとなる．

一方，変異荷電は，土壌鉱物や腐植物質に存在する官能基と土壌溶液の間で起こる反応の結果生じる．粘土鉱物縁辺部や鉄・アルミニウム鉱物表面の水酸基 (–OH) は，土壌溶液の pH 変化によって，低 pH ではプロトン (H^+) が付加してプラスの電荷を，pH が高くなると H^+ が解離してマイナスの電荷を多く生じる (図 2)．また，土壌の腐植物質も様々な官能基をもち，カルボキシル基 (–COOH) やフェノール性水酸基 (–OH) は，pH が高くなるほど H^+ を放出してマイナスの電荷を生じる．火山灰土壌に多く含まれるアロフェンとよばれる鉱物も変異荷電特性を示す水酸基を多くもっている．

○ 土壌への陽イオン保持と陽イオン交換反応

様々な鉱物や有機物の混合物である土壌は，全体としてマイナスの電荷を帯びており，その電荷とつりあわせるために陽イオンを吸着している．土壌が保持できる陽イオンの総量は陽イオン交換容量 (cation exchange capacity：CEC，単位は $cmol_c/kg$ [センチモル チャージ パー キログラム]) で表され，数～数十 $cmol_c/kg$ のオーダーにある．なお，日本において CEC は，pH 7 の酢酸アンモニウムを用いたアンモニウムイオンの吸着量として測定される．変異荷電の割合が多いアロフェンに富む火山灰土壌や，風化の進んだ土壌では，陰イオン交換容量 (anion exchange capacity：AEC) をもち，陰イオンを吸着するものもある．

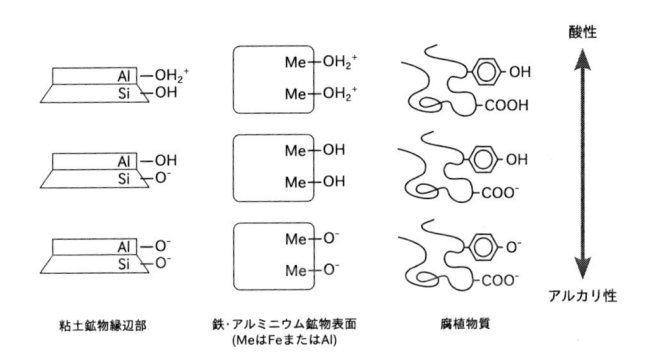

図 2 pH 変化に伴う土壌構成物質への変異荷電発生の模式図．ただし，横の並びは同じ pH を意味しない．

土壌のマイナス電荷によって吸着された陽イオンは，土壌溶液に含まれる他のイオンと簡単に交換されて溶液に放出される (図 3)．この反応を陽イオン交換反応とよび，吸着されているイオンを交換性陽イオンとよぶ．多くの場合，土壌の交換性陽イオンはカルシウム，マグネシウム，カリウムが大部分を占めるが，酸性土壌では土壌固相から溶出したアルミニウムの割合が大きくなり，アルカリ土壌や塩類化土壌では交換性ナトリウム含量が高いものも多い．

陽イオン交換反応では，価数が大きいイオンほど吸着されやすい傾向がある．ただし，一価の陽イオンでも，カリウム，セシウム，アンモニウムイオンは粘土鉱物のマイナス電荷に対してきわめて高い選択性をもつ．これらのイオンの大きさはケイ素四面体シートの六員環とよばれる部位にちょうどはまる程度であり，吸着された後で粘土鉱物の層間を閉じてしまう．この現象を陽イオンの固定といい，固定された陽イオンは他のイオンとは容易に交換されなくなる．陽イオンの固定は粘土鉱物の構造が原因であるため，変異荷電に対してはこれらの陽イオンの選択的固定は生じない．

○ 農学的・環境科学的な意義

土壌粒子が電荷をもつことは，農学的，環境科学的にどのような役割を果たしているのだろうか．

まずは，マイナスの電荷によってカルシウム，マグネシウム，カリウムなど陽

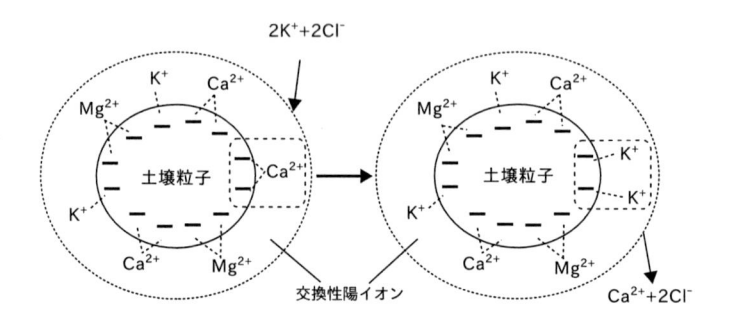

図 3 土壌の交換性陽イオンと陽イオン交換反応．一価の陽イオンは土壌粒子のマイナスの電荷一つ，二価の陽イオンはマイナスの電荷 2 つで吸着保持される．土壌がもつ一価のマイナス電荷を X^- と表すと，この陽イオン交換反応は $CaX_2 + 2K^+ \rightleftharpoons 2KX + Ca^{2+}$ で表される．

イオンとして存在する植物の必須元素が，土壌に吸着保持されることがあげられる．もし，土壌が電荷をもたなければ，植物が利用する前に土壌養分は降雨や灌漑水によって土壌から失われてしまうだろう．植物による吸収などによって土壌溶液のイオン濃度が下がると，陽イオン交換反応によって吸着されているイオンが溶液へと供給され，土壌溶液の濃度を維持する．粘土鉱物の層間に固定されたカリウムもまた，土壌溶液の濃度が下がると次第に溶液へと放出される．水田土壌においては湛水された土壌が還元状態となり，窒素が陽イオンのアンモニウムイオンとして存在できるため，土壌のCECの違いが窒素供給能に影響する．一方，酸化的な畑土壌では，アンモニウムイオンは速やかに陰イオンの硝酸イオンへと酸化されるため，陽イオン交換反応による窒素の保持は期待できない．また，交換性陽イオンのバランスも重要であり，Ca/Mg比，Mg/K比が農地の土壌診断基準として採用されている．

土壌のマイナス電荷は，植物にとっての養分だけではなく，土壌に入った有害金属イオンも保持する．有害な元素が土壌に保持されなければ，地下水や植物へ容易に移動可能な状態となってしまう．カドミウムや鉛などの重金属は，表面官能基の酸素原子との配位結合により形成される表面錯体（$-OCd^+$など）として吸着されるのでマイナス電荷による静電気的な吸着量は少ないが，放射性同位体をもつセシウムイオンは粘土鉱物への固定が起こり土壌に強く保持される．また，酸性降下物や空気中の二酸化炭素を溶かした弱酸性の雨は土壌の交換性陽イオンを徐々に洗い流して，土壌の酸性化を引き起こす．土壌酸性化への耐性は，土壌のCECや変異荷電を示す土壌の官能基量が左右する．

土壌が電荷をもつことおよび電荷を発現する官能基を多くもつことは，土壌溶液のイオン濃度をはじめとする，土壌環境の急激な変化を抑える緩衝作用を土壌に与える．これにより，植物生育にとって適した環境を保ち，土壌の汚染や劣化の広がりをとどめることが可能となっている．

3-3 土壌養分の種類・形態とその移動性・可給性

松本 真悟

■ ■ ■

　作物が生育するためには，養分を吸収することが不可欠であり，土壌から吸収した養分を形態形成に利用して生長を続ける．さらに，農産物として一定の収量を得るためには，土壌中の養分だけでは足りず，適切な施肥が行われなければならない．一般的な肥培管理において，施肥は植え付け時に施用される元肥と生育をみながら数回行われる追肥がある．肥料の多くは水に溶けやすく，灌水や降雨などによって溶解された肥料成分はイオンとなって土壌溶液中に溶出し，作物はこれらの陽イオンや陰イオンを養分として吸収する．しかし，大量の灌水や降雨にさらされた場合，肥料成分のほとんどは下層へ溶脱し，作物が吸収するための養分は洗い流されてしまうのではなかろうか？　なぜ作物は養分を吸収しつづけることができるのか？　これは土壌が養分を吸着・保持する機能を有しているからにほかならない．このような土壌がもつ養分の吸着・保持機能は，土壌の生産性や肥沃度にきわめて大きな影響を及ぼす特性である．

○ 土壌の養分の保持と供給

　土壌を構成する粘土鉱物は荷電をもつことが知られており，通常のpH範囲内であれば，ほとんどの農耕地土壌ではマイナスの電荷すなわち陰荷電が卓越している．粘土鉱物のもつ陰荷電には，結晶構造内に生じる永久陰荷電と結晶の末端に発生するpH依存性陰荷電の2種類がある．また，腐植物質のカルボキシル基やフェノール性水酸基に由来する荷電もpH依存性陰荷電である．作物に吸収される養分の主体は土壌溶液中に溶存するイオンであり，カルシウム，マグネシウム，カリウムなどの陽イオンは，土壌の陰荷電に吸着・保持される．また，有機物が無機化されて生じるアンモニウムイオンも陰荷電に保持される．これらの陽イオンは土壌に強固に固定されているのではなく，イオン交換が起こりやすい状態で存在している．作物による吸収や灌水・降雨による土壌溶液中のイオン濃度の低下や施肥や資材の施用によるイオン濃度の上昇に応じて，電気的平衡を保つ

イオン交換反応により,吸着と土壌溶液への放出が絶えず起こっている.つまり,土壌がこのような陰荷電をもつことによって,作物の持続的な養分吸収が可能になる.土壌に吸着・保持される陽イオンは交換性陽イオンとよばれ,作物への可給性の高い形態であり,その量を測定することによって,カルシウム,マグネシウムおよびカリウムの肥沃度の指標として土壌診断に活用されている.また,これらの陽イオンを吸着保持する土壌の負荷電量は陽イオン交換容量 (cation exchange capacity: CEC) とよばれ,土壌の保肥力を示す指標となっている.一般に,CECは土壌の種類や有機物量によって異なり,粘質な土壌および有機物が多い黒ボク土や褐色森林土で高い.一方,粘土,有機物ともに少ない砂丘未熟土では,CECが低いために緩衝力が弱く,過剰な施肥による根の塩類障害に注意しなければならない.また,土壌のCECに占める交換性陽イオンの割合は塩基飽和度とよばれ,土壌の塩基バランスの指標として土壌診断に活用されている.塩基飽和度は土壌の種類によっても異なるが,一般的に70〜90%が適正な値とされている.

○ 土壌養分の根圏への移動,マスフローと拡散,リン酸吸収係数

作物による土壌溶液中のイオンの吸収は植物根のごく近傍である根圏を通じて行われる.土壌溶液中の養分が根圏に移動するには主として2種類の機構がある.一つめは作物の蒸散によって起こる水の移動とともに根の表面に移動するマスフローとよばれるものであり,NO_3^-,Mg^{2+},Ca^{2+} はこのマスフローによって移動する割合が高い.二つめは溶解しているイオンの濃度勾配によって移動する拡散であり,K^+ や $H_2PO_4^-$ は拡散によって根圏へ移動する割合が高い.

表1に代表的な養分の硝酸 (NO_3^-)・カリウム (K^+)・リン酸 ($H_2PO_4^-$) の移動速度を示した.リン酸の移動速度は硝酸・カリウムの移動速度 (3.00, 0.9 mm/日) よりもはるかに遅く,1日あたり0.13 mm と算出されている.リン酸の移動がきわめて遅いのは,リン酸が土壌鉱物表面に存在する鉄やアルミニウムおよび粘土構造末端の破壊原子価にある活性アルミニウムと強固に結合されてしまった

表1 土壌中でのイオンの移動速度 (Jungk(1991) より作成).

イオン種	土壌中での平均拡散速度 De (m²/秒)	1日あたりのイオンの移動 (mm/日)
硝酸 NO_3^-	5×10^{-11}	3.00
カリウム K^+	5×10^{-12}	0.90
リン酸 $H_2PO_4^-$	1×10^{-13}	0.13

めである．したがって水溶性のリン酸を施肥しても鉄型リン酸あるいはアルミニウム型リン酸として粒子表面に強く吸着されるので，リン酸は作物とって最も制限の大きい養分といえる．そこで，土壌診断において，リン酸肥料の施用量や肥効を評価するために，土壌によるリン酸の吸着の強さを示す指標としてリン酸吸収係数が用いられている．リン酸吸収係数は土壌 100 g が固定するリン酸の量を mg で表したものであり，土壌の種類によって異なっている．活性アルミニウムを多量に含む黒ボク土や多湿黒ボク土は 1500 以上と高く，リン酸が固定されやすい代表的な土壌である．このように，リン酸は土壌中での拡散速度がきわめて遅いことから，植物がリンを吸収するには，可能な限り根の成長を速くして土壌粒子と接触できる機会を多くすることが重要であり，根の表面積を増やすことが有効である．この点で根毛の発達もリン酸の効率的な吸収に重要な因子と考えられている．

◯ 土壌中の可給態養分とその推定

これまでに，作物による養分吸収には，土壌の負荷電による陽イオンの吸着とイオン交換反応および鉄，アルミニウムによるリン酸イオンの固定が大きな影響を及ぼしていることを述べた．では作物が吸収する無機イオンの給源は土壌中にどのぐらいの量が存在し，どのような形態なのであろうか？ 養分として重要な窒素，リン酸，カリウムについてみてみよう．

耕地土壌に含まれる全窒素は平均すると土壌 1 kg あたり 1.5 g 程度であり，そのほとんどは土壌有機物中に含まれる有機態窒素である．作物に吸収利用される無機態窒素 (硝酸とアンモニア) が土壌中の全窒素に占める割合はきわめて小さく，1～2％にすぎない．土壌中の有機態窒素の多くは高度に重縮合されて難分解性となっているが，有機態窒素全体の 19～35％と推定される易分解性有機態窒素画分の一部が土壌中の微生物により無機化され，アンモニアや硝酸となり作物に吸収される．土壌から無機化される窒素量を予測・推定することは，施肥量の決定や肥培管理に重要であることから，温度，水分，湿度などの条件を一定に保って土壌を培養し，培養期間中に放出される無機態窒素量を測定し，これを可給態窒素として肥沃度の推定が行われている (培養法)．可給態窒素の推定法にはこの他にも，無機化窒素の給源となる易分解性有機態窒素を種々の抽出液 (リン酸緩衝液，希硫酸，熱水など) で抽出する方法も提案されている．

リン酸も土壌 1 kg あたり 2 g 程度含まれており，窒素と同様に有機態リン酸と無機態リン酸に分けられる．しかし，土壌中では鉄やアルミニウムによるリン酸の固定が起こるため，そのほとんどが作物に容易に利用される形態ではない．作物に吸収されうるリン酸を可給態リン酸としたリン酸肥沃度の推定は，日本ではトルオーグ法 (pH 3.0, 0.001 M 硫酸溶液で抽出) が最も広く行われている．この方法では主としてカルシウムが溶解し，カルシウム型リン酸を評価しており，トルオーグリン酸とカルシウム型リン酸は非常に高い相関を示す．また，ブレイ 2 法とよばれる方法での事例も多く，この抽出液には，トルオーグ法で用いられる硫酸の濃度よりも高い塩酸 (0.1 M-HCl 塩酸) が用いられており，カルシウム型リン酸を強く溶かすだけでなく，フッ素 (NH_4F) がアルミニウムや鉄と安定な錯体を形成し，その結果アルミニウム型リン酸や鉄型リン酸の一部も溶解される．

作物に容易に吸収利用されるカリウムは交換性陽イオンとして存在するカリウム (交換態カリウム) であることを上述したが，土壌中のカリウムの 90 % 以上は一次鉱物の結晶格子中や粘土の層間に存在するため，作物がすぐには吸収利用できないもので，これらは非交換態カリウムとよばれる．非交換態カリウムのうち，粘土鉱物の結晶格子間の近縁部にある固定カリウムは，特異的な結合を示す交換基に強く保持されており，数時間から数週間をかけて溶出する．また，一次鉱物の結晶格子中に存在する構造性カリウムは，地質学的変化 (風化作用) を通して数年という長い時間をかけて，カリウムイオンとして溶出されるといわれている．

以上のように窒素，リン酸，カリウムいずれもそれぞれの可給態の形態が全量に占める割合はきわめて少ない．このため，今日のように化学肥料が広く普及する以前には，様々な農法の工夫や養分源となる有機質資材 (家畜ふん，落葉，収穫残渣など) の投入によって土壌の肥沃度を向上させることに多大な労力が費やされたが，現代と比べれば収量レベルは低いままであった．戦後以降の化学肥料の急速な普及により，収量の飛躍的な向上が実現されたが，近年はその弊害も顕在化するようになった．化学肥料の多用による土壌の化学性や生物性の悪化のため，作物の栄養生理異常や病害が多発したり，農耕地に由来する窒素やリン酸が地下水を通じて水域に流入し，河川や湖沼の富栄養化による環境汚染も認められるようになってきた．これらはいずれも耕地に投入される養分量が土壌の養分保持能力を上回り，余剰となった養分が作物の生理機能を乱したり，周辺環境を悪化させていることにほかならない．今一度土壌の肥沃度に基づいた肥培管理のあり方を再考することが必要であろう．

コラム5　根圏——土と植物の相互作用の場——

森塚 直樹

　根圏とは，植物根の影響の及ぶ領域のことである．根圏に含まれる土壌を根圏土壌とよぶ．種が落ちたところから動くことのできない植物は，その場で生き抜くために根を土中に張りめぐらせ，土との接触面積を拡大させる．同時に根による様々な作用によって，根圏特有の環境が形成される．とはいえ，図1のように地面を掘れば観察できる根とは異なり，根圏を見つけるのは容易ではない．

　それでは，根圏はどのような環境なのだろうか．植物根は二酸化炭素や各種有機物を放出し，土壌から水と酸素と無機養分を吸収している．根から放出あるいは脱落される有機物は根近傍で集積し，それを基質とする微生物(根圏微生物)も集中する．砂地の畑から掘り起こした根系を空中で軽く振とうすると，土がすべて落ちてしまわずに根の周りに付着していることがある．これは微生物や炭素基質などによって根圏での団粒形成が促進されたことを示唆している．一方，根から吸収される水と酸素ならびに土壌溶液中の窒素・リン・カリウムは，通常の畑条件では根近傍で減少する．その減少幅は，土壌中で移動しにくいリンとカリウムでは数 mm 程度にすぎない．そのため，リンやカリウムの獲得には根や根毛の伸長による根圏の拡大が重要なプロセスの一つとなる．

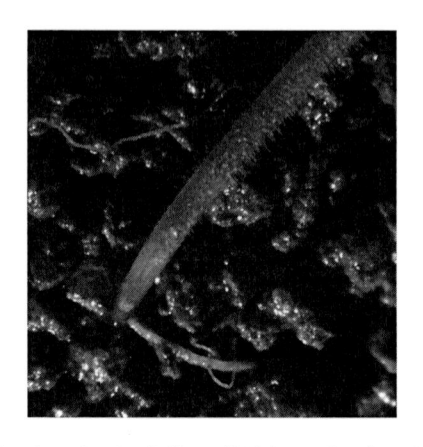

図1　植物根を観察できるポット(根箱)で伸長するイネの根の先端部分．播種後20日目の様子．根端はムシレージというゲル状の物質で覆われている．根端から少し基部側に向かうと表皮細胞が突起状に変形した根毛が密生している．根毛の長さは，0.1 mm 未満であるが，リンのような移動性のきわめて小さい元素の獲得には重要な役割を果たすといわれている．

コラム5 根圏—土と植物の相互作用の場—

　ここで，植物の多量必須元素であるカリウムを例として，元素分析によって目に見えるようになった根圏を紹介しよう．図2にトウモロコシの根近傍でのカリウム濃度の減少量と減少幅を示した．抽出されやすさ(化学的可給度)の異なる3画分のカリウムを比較している．すなわち土壌を水で抽出したときに放出されるカリウムが水溶性，引き続いて1 mol/L 酢酸アンモニウム溶液で抽出されるカリウムが交換態，さらに0.01 mol/L 塩酸による長期間抽出で放出されるカリウムが非交換態である．図から，水溶性画分は根近傍から10 mm以上離れた部位からも吸収されていたのに対して，交換態画分は6 mm以内からしか吸収されていなかった．植物が吸収したカリウムの大半は交換態画分であった．しかし，植物が容易に利用できないはずの非交換態画分も根のごく近傍では吸収されていた．この非交換態画分は主に2:1型粘土鉱物の層間に固定されていたカリウムに由来する．したがって根近傍での非交換態カリウムの放出は，イライトからバーミキュライトへの鉱物種の変化を示唆している．このように土壌中の元素の植物による利用されやすさは，化学的可給度だけでなく，根と元素の位置的関係(位置的可給度)によっても影響される．

　一方，微量必須元素である鉄や亜鉛の場合には，キレート物質や水素イオンの根からの放出による根圏での可給化が植物吸収量に大きな影響を及ぼすことが知られている．そのため，これらの元素が欠乏している農地では，欠乏元素の施用だけでなく，根圏環境を制御することも重要となる．

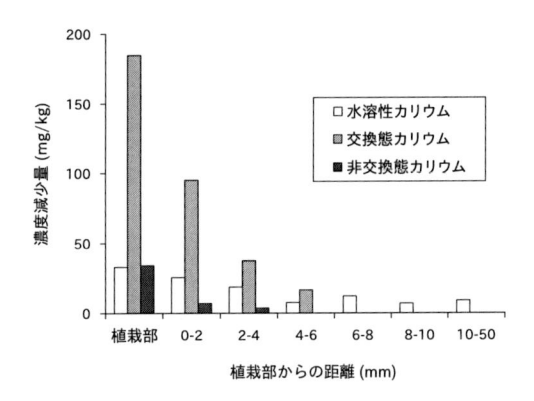

図2 トウモロコシの根近傍での形態別カリウム濃度減少量．根近傍の土壌試料は，根の密集領域(4 mm幅の植栽部)からの距離に応じて土壌を採取できるポットで栽培試験を行った後に採取した．図の縦軸の値は，無植栽区の濃度からトウモロコシ植栽区の濃度を差し引いた値，すなわち植栽部に密集する根がカリウムを吸収することによって生じた濃度減少量を示している(Moritsuka et al. (2002)を改変)．

3-4　養分の循環——窒素を例として——

林　健太郎

■　■　■

　「養分」は，生物の栄養となる成分，つまり，およそ必須元素を意味する．ただし，必須元素のうち炭素，水素，および酸素のことを通常は養分といわない．この3つの元素は周囲にふんだんにあり，まず不足しないためであろう．いい換えれば，他の必須元素は不足することがあり，その供給の過不足が生物の活動に強い影響を及ぼす．土には養分となる必須元素を蓄えるとともに放出して巡らせるはたらきがある．これらをまとめて「循環」という．ここでは，はじめに土がもつ養分循環のはたらきを述べる．この意味でも土は「すごい」のである．次に，生物の多量必須元素であり，農業における肥料としても必要不可欠な窒素を具体例として，土を中心とした複雑な窒素循環を少しだけのぞいてみよう．

○ 養分を蓄え循環させる土のたくみな機能

　ある場所に養分が蓄えられていても，それが強固に保持されたまま放出されなければ生物は利用できない．反対に，ある場所に養分を蓄える能力がなければ，養分はすぐに失われてしまい生物はやはり利用できない．土には養分を蓄える機能と様々な速さで放出する機能がある．この双方があるからこそ陸上生態系が成立できる．

　養分の蓄えを「プール」ともよぶ．養分の蓄積量が大きいほどプールが大きい．一方，プールから放出される養分の流れを「フロー」ともよぶ．行き先は別のプールである(土の中とは限らない)．多くの養分が流れるほどフローが大きい．個々のプールやフローの大きさは養分ごとに異なる．土の養分循環を図1に示す．土の中の主な養分プールは，土壌溶液，土壌鉱物，土壌粒子表面，土壌有機物，土壌微生物，および土壌動物である．植物およびリター(植物の落葉・落枝・枯死根や動物の排せつ物・遺骸)も養分プールであるものの，これらは陸上生態系の構成要素としてとらえられることが多い．土の養分のフローは養分ごとに多種多様な過程によってつくりだされる．これらの過程には土壌動物や土壌微生物による

分解および植物による吸収のような生物的作用もあれば，物理的または化学的な風化のような非生物的作用もある．

　土壌溶液は土の中で比較的自由に動ける水である．土壌溶液は様々な物質を溶かしこむ養分プールであると同時に，他のプールをつなぐ養分フローの場としても大切な存在である．例えば，水溶性の高い養分は土壌溶液内の高濃度のところから低濃度のところへと広がりつつ，水の動きといっしょに運ばれる．降水量が蒸発散量より多い場合は水の動きが下向きとなり養分の地下への溶脱をもたらす．逆の場合は水の動きが上向きとなり養分の地下から表層への輸送が起こる．一時的な強い降水は斜面方向に土ごと養分を押し流すこともある．土壌鉱物は金属元素を中心とした養分を含有する．化学的風化を受けた土壌鉱物はこれらの養分を放出する．土壌粒子表面は電荷を帯びていて，その電荷の正・負に応じて陰イオンや陽イオンとなる養分を吸着する(通常の土は陽イオンを吸着しやすい)．土壌有機物は土の中の生物以外の有機物の総称である．土壌有機物は分解者(土壌動物と土壌微生物)のはたらきで新鮮な有機物であるリターからつくられる．土壌動物は比較的大きな有機物を食べ，排せつ物として細かくなった有機物を出す．そして，土壌微生物は主に細かくなった有機物を分解してエネルギーや自らの体を構成する養分を得る．その際に取り込まれない養分を他の微生物や植物が利用する．分解者のはたらきがなければ土には有機物がたまる一方となり，有機物分解による養分の供給が途絶え，植物の生産ひいては高次栄養生物の生息に不利となる．土壌有機物はサイズの大きなものから小さなもの，また，分解されやすい

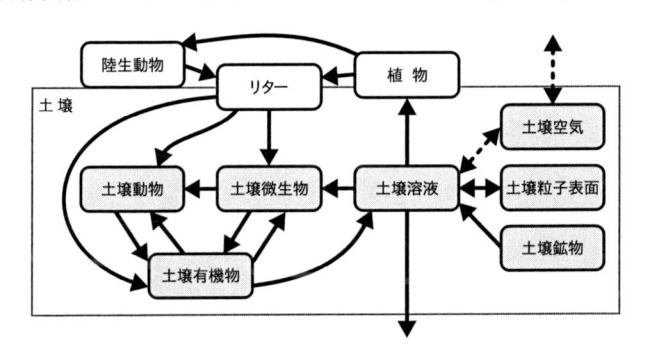

図1　土を中心とした養分の循環．枠はプールで矢印はフローを表す．点線のフローは気体となる物質にあてはまる．

ものから分解されにくいものまで多種多様な有機物から構成される．土壌微生物は養分のプールでもある．土壌微生物が死滅した際には養分が容易に放出され，他の微生物や植物がそれを利用する．

　プールやフローの大きさは，土壌の種類，つまり土壌生成をもたらす気候と生物との相互作用によっても異なる．例えば，寒冷な極域では生物生産が遅いものの，それ以上に有機物分解が遅いためにツンドラ土壌の養分プールは大きい．一方，高温で有機物分解がとても速い熱帯では養分の大部分は生物(特に樹木)に蓄えられていて，土壌の養分プールは小さい．プールやフローが長い時間の経過とともに変化することも重要な特徴である．土が母材である岩石からつくられ始めるときには土壌有機物のプールはほとんどなく，植物の生産と土壌動物・土壌微生物の分解のサイクルが長い時間をかけて土壌有機物を増やし，土を育んでいく．

　養分循環など多様なはたらきをもつ土は，その大切さに比べてあまりにも薄い．1気圧に圧縮した大気は 8000 m の厚さであり，海洋は平均で 3800 m の深さである．これらも地球の大きさに比べて薄いのであるが，土は平均で 0.2 m の厚さしかない．この地上の薄皮が陸上生態系を維持し，私たちの食料生産を支えている．剥ぎ取った土や過剰耕作で劣化した土は容易に再生しない．土を大切にしよう．

○土における窒素の循環

　窒素は特に重要な養分の一つであり，タンパク質の構成に欠かせない．植物の光合成酵素もタンパク質であり，窒素が足りなければ植物は光合成を十分に行えず，生態系の植物生産が減少してしまう．大気の 78% は分子状の窒素 (N_2) であるものの，N_2 は反応性にとても乏しく，ごく一部の微生物を除き，生物は N_2 を直接に利用できない．植物が利用可能な窒素がどれだけ存在するのか(窒素可給性) は，生態系の機能と物質循環を強く規定する．

　窒素は有機物にも無機物にもなる．無機物としての窒素も還元物(例：アンモニア)から酸化物(例：硝酸)まで多様な形態をもつ．これらの生成と消費の大部分が生物のはたらきによる．つまり，多様な窒素化合物を結ぶ多様な生物過程が存在する．その中でも土壌微生物のはたらきには，無機化，窒素固定，硝化，および脱窒など，窒素循環において重要，かつ，他の生物にはできないものが多い．図2に示すとおり，非生物的な反応も含めた土の窒素循環はとても複雑であり，特に微生物のはたらきについてはわかっていないことが多い．

3-4 養分の循環—窒素を例として—

　窒素循環の特徴は，対になる過程が存在することである．アンモニアを酸化して硝酸を生成する硝化があれば，硝酸を還元して N_2 を生成する脱窒がある (参考：アンモニアをつくりだす別の過程もある)．有機物を分解してアンモニアを取り出す無機化があれば，アンモニアや硝酸などを取り込んで微生物体を合成する有機化がある．空気中の N_2 からアンモニアを合成する窒素固定があれば，脱窒の最終産物は N_2 として大気に還る．これらの反応はすべて基本的に土壌微生物のはたらきである (化学脱窒のような非生物過程もある)．生態系の観点では，植物の窒素吸収や植物・動物のリターとしての窒素供給という，これも対になる過程がある．他には，大気沈着 (湿性沈着 [降水由来] と乾性沈着 [ガスや粒子状物質由来]) によるインプット，地下への溶脱によるアウトプット，地表面を流れる水に伴う出入り，および土壌粒子表面の吸着・脱着 (イオン交換) が重要な過程である．

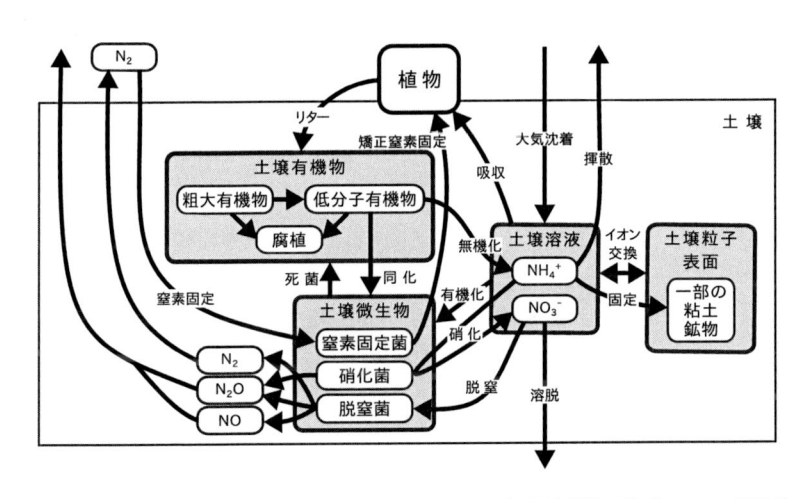

図2　土を中心とした窒素の循環．動物由来のリターと土壌動物は省略．N_2：分子窒素，NH_4^+：アンモニア，NO_3^-：硝酸，N_2O：一酸化二窒素，NO：一酸化窒素．

3-5 土の孔隙と保水・排水
―水を吸う土・はじく土―

石黒 宗秀

■ ■ ■

　土の孔隙(固体粒子の間の空間)は，水と空気で満たされている．これらは植物の生育に必要なため，畑の土は水はけがよく水もちがよい構造に保たれる．それはいったいどんな土だろうか．また，土の保水力が，水を蓄え少しずつ流れ出る森林の水源涵養機能や洪水調節機能を発現する．土の保水力とは何だろうか．一方，水を嫌ってはじく土もある．これは何が違うのだろうか．

○ 水はけのよい土，水もちのよい土
　植物は，生育するために水を土から吸収する．畑作物であれば，根は，呼吸のために酸素を土の中から吸収する．そのため，畑の土は，適度に水分を含み空気も含む必要がある．つまり，水はけがよくかつ，水もちもよいことが求められる．この相反する性質をもつことのできる土はどんな土だろう．砂は，水はけがよいが水もちが悪い．粘土は，水もちがよいが水はけが悪い．その中間のシルトは，水はけと水もちがよいとはいえない．一方，図1のような団粒構造の土は，水はけも水もちもよい．団粒とは，一つ一つの土粒子が集まって集合体をつくった安定なかたまりである．大きな団粒の間の間隙は大きく，水はけをよくする．団粒の中の微細孔隙は，水を保持する能力が高く，ここにたまった水を植物が有効に利用できる．そして，根は，排水された大きな間隙中の空気を利用できる．

○ 土の保水性と水源涵養・土砂災害
　土は，水を孔隙に貯えることができる．森林に降った雨は，土に貯えられて少しずつ川へ流れるので，水源涵養機能をもつ．土の中の流れは遅いので，洪水を緩和する機能ももつ．土の中でも，砂質土だと，その中の水の流れは比較的速いが，川の流れと比べればゆっくりだ．速くても1時間あたり40 cm程度なので，カタツムリと同じかそれより遅い．木の根や動物が開けた，連続した大孔隙のような水みちがあれば，大雨のときはそこを流れて排水されるが，圧倒的にそれよ

り小さな孔隙が多いので，その中に水が保持され，地球の重力に引かれてゆっくりと流れ出る．都会で大雨が降ると，雨水が地下に浸透できずに地表を流れ，すぐに洪水になるのと対照的だ．

　しかし，土の保水は，よいことばかりではない．がけ崩れや地すべりは，大雨のときに起こりやすくなる．これは，斜面上の土が水を多量に含むと，地盤の重量が大きくなり，重力で下方に動きやすくなると同時に，上昇した地下水面より下の土が浮力を受けて地盤の強度が弱くなるためだ．これを防ぐために，地下水の排水口や，雨水の排水路を整備して，土の中に水が大量に貯まらないようにすることもある．

○ 毛管現象による保水

　土には，水を吸引する力がある．土の粒子が細かいほど，その吸引力は大きい．これが土の保水性の特徴である．底面に網を付けた円筒に乾いた土を詰め，水面に浸すと，下方から水が土の中を上に向かって浸透する．これは，図2のように，毛管を水面につけると，毛管現象で水が上昇するのと同じ原理である．毛管中の空気・水の境界面が，全体のエネルギーが最小になるように移動した結果が毛管上昇である．難解に思えるかもしれないが，川の水が，位置エネルギーの低い下流へ流れるのと同じ自然現象の基本原理である．乾いた管の表面エネルギーが，ぬれているときの表面エネルギーよりも大きいと上昇し，エネルギーが低い状態になる．いい換えれば，固体表面と水の分子間引力が強いときに上昇する．上昇

図1　団粒構造の模式図．土粒子が集まってミクロ団粒を形成し，ミクロ団粒が集まってマクロ団粒を形成している．

する高さは毛管半径に反比例する．したがって，土の中の孔隙は，小さいほど保水性が強い．そのため，大きな孔隙から先に水が排水される．

○ 粘土の水分吸収

毛管現象で示される孔隙サイズによる保水性とは別に，粘土は他にも吸水する力をもっている．粘土粒子は小さいため，1 kg あたり 100 ha (10^6 m^2) の表面積をもつものもある．粘土は，多量の電荷をもち，水分子は極性 (電気的な偏り) をもつため，広い表面に静電気力と普遍的な分子間引力で水分子を吸着する．また，表面の電荷で反対符号のイオンを吸着しているため，溶質濃度が高い．そのため浸透圧効果で水を吸引する．粘土表面に強く吸収されている水は，低エネルギーで安定なため，根が吸収することはできない．粘土は，吸水能力が高いため，ベビーパウダーやおむつにも使われている．

○ 水をはじく土

一方，水を嫌ってはじく土もある．ポットに放置し乾燥した有機物の多い園芸用の土に水を撒くと，全体に浸み込まず，部分的に流れてしまい，水はどんどんポットの下へ流れ去る．これは，土の表面が乾燥して撥水性になったためである．このような水の流れを選択流あるいはバイパスフローという．前述の毛管が，ガラスのような水にぬれる性質の材料だと毛管上昇するが，プラスチックのように，

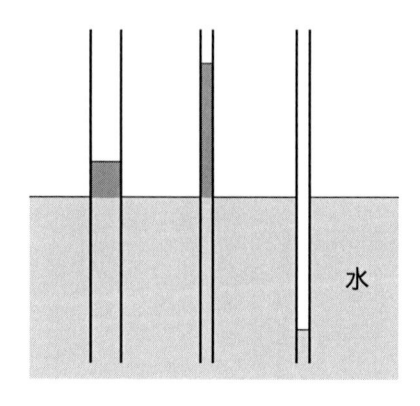

図2 (左・中央) 親水性材料の毛管上昇．管が細いほど上昇高さは大きい．(右) 疎水性材料の毛管下降．

水にぬれない材料だと，毛管下降し，その下降長さは毛管半径に反比例する (図2右). 水にぬれない材料では，その表面に水が吸着するよりも，水どうしで集まった方がエネルギーが低くなるため，水がその表面を嫌うかのように水面を下降させるのである．砂・シルト・粘土・ガラスや金属のような無機物は，極性や電荷をもち，水分子を強く引き付けるため"親水性"で，高エネルギー表面である．プラスチックや葉の表面は，非極性で水を引きつける力が弱く"疎水性"で，低エネルギー表面である．疎水性の有機物を多く含む森林の表層土では，選択流が観察されている．牧草地では，ルートマットといわれる牧草根のかたまりが水をはじき，雨水を土の中に浸透させず，表面流出水が増大するところもある．このように，土の表面の性質は，水循環に影響を及ぼしている．

3-6 土壌構造 (団粒)

和穎 朗太

■ ■ ■

　他の章で説明されているとおり，土は驚くほど多機能である (水分保持，ガス調整，養分循環，生物多様性の維持)．これらの機能は，土の構造と密接に関係している．植物の生育や多くの土壌生物の生態とかかわる土壌の表層には，団粒とよばれる土壌粒子が結合した構造がみられる．この構造を崩し，一粒一粒をみると，さらに小さな粒子の集合体であることがわかる．土を構成する様々な鉱物粒子 (粘土，シルト，砂) や有機物は，どのように混ざりあい，階層的な構造をつくるのだろう？ なぜ，土壌は植物や土壌生物に養分を供給しつづけることができるのだろう？ ここでは，土壌の肥沃度や陸域の生態系機能を支える土壌の団粒構造のヒミツを探る．

○ 現場で見る土の構造，実験室で調べる土の構造

　現場で土の構造を調べるには，数 mm 以上の構造 (Ped, ペッド) の形態 (粒状，亜角塊，角塊，板状)，量，そして構造の強さ (崩れにくさ) を記録する．経験を積んだ土壌学者は，そこから土壌の履歴 (例えば耕起などの撹乱の程度) や土壌の発達程度を読み取ることができる．土壌構造をさらに詳しく調べるには，超音波などを使い一定のエネルギーで土を崩して，残存する強固な団粒構造を調べる．よく使われる手法は，風乾した土を水中に沈め，網目サイズの異なるふるいを使い，大きさの異なる団粒を分離させた後，各サイズの団粒の炭素や養分含量を調べる方法である．

○ 土壌団粒の大きさと階層性

　では，団粒の中身をもう少し詳しくみてみよう．団粒の性質は，そのサイズによって大きく異なるが，分離手法 (特に，団粒を崩すときに使われるエネルギー) の影響も強く受けるので，注意が必要である．一般に，直径が 250 μm 以上のものはマクロ団粒，それ以下のものはミクロ団粒とよばれる．マクロ団粒 (図1) は，

主にミクロ団粒が集合化して形成されるが，同時に植物遺体の断片や砂粒などの鉱物粒子も含まれる．マクロ団粒の構造がバラバラにならずに維持されるのは，網のように団粒を取り巻く細根や糸状菌の菌糸，微生物がつくる粘性物質が接着剤としてはたらくことによると考えられている．

一方，250 μm 以下のミクロ団粒は，主に粘土やシルトサイズの鉱物粒子，より断片化された植物遺体，菌体細胞などが集まってできている．ミクロ団粒の維持にかかわるのは，微生物のつくりだす粘性物質や代謝産物だけでなく，鉄やアルミニウムの水和酸化物，結晶性の弱い粘土鉱物，金属イオンや微細鉱物と有機物の複合体 (後述) といった，土壌中で中・長期的に安定的な物質だと考えられている．

つまり，マクロ団粒とミクロ団粒は大きさが違うだけでなく，異なる接着剤によってその集合体が維持されている．また，マクロ団粒はミクロ団粒よりも大きな孔隙を多く含む (図 1b)．これは土の物理的そして生物的環境のために大変重要である．例えば，雨水は大きな孔隙を通って速やかに下に流れると同時に，一部の水はミクロ団粒中の小さな孔隙にじわじわと染みこむ．これによって，土の水はけや空気の通りをよくすることと，根や土の生き物に必須の水を保持することの両方を可能にしている．さらに，ミクロ団粒の数 μm 以下の孔隙は，細菌が線虫などの捕食者から身を守る住み処としても機能している．

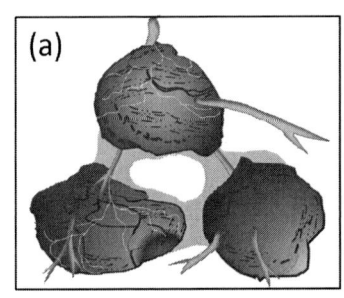

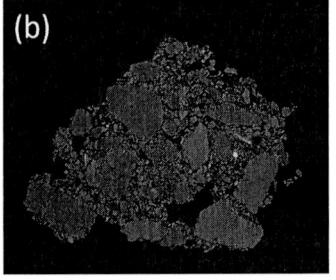

図 1 (a) マクロ団粒と植物根のイメージ図．団粒の外側に菌糸が張り，団粒と団粒の間には水のフィルムができる．(b) マクロ団粒 (耐水性，直径 4 mm) ひと粒の輪切り図 (X 線 CT 法，浦本豪一郎・諸野祐樹提供)．砂粒と砂粒の間には，細かい粒子やその集合体 (ミクロ団粒) が存在し，また大小の穴 (孔隙) が空いていることがわかる．これらの穴の多くはつながっているため，空気や水の移動が速やかに行われる．また，根の生長や土壌動物・微生物の移動を可能にしている．

このように団粒構造は，マクロとミクロの空間スケール(次元)において，それぞれ異なるしくみや法則性をもっていると考えられ，この特性は「団粒の階層性」とよばれる．土壌の多孔質性，土壌生物の多様性維持，物理的安定性や復元力，養分の保持などの土の重要な機能は，この階層性と強くかかわっている．

○ 有機物の分解と団粒の形成・崩壊

では，団粒やその結合物質は実際の土の中でどのように変化しているのだろうか？ これまでの研究から，団粒の形成と崩壊は次のように起こると考えられている．土の有機物のほとんどは，植物遺体として土に供給されるが，落葉や枯死根が土に入ると，土壌動物によって断片化され，その表面では植物遺体をエネルギー源とする土壌微生物が増殖する．この植物遺体が中心となり，その表面の微生物(特に菌糸)および微生物の代謝物が「短期的な接着剤」としてはたらき，周辺の土壌粒子(鉱物粒子やミクロ団粒)が結合することでマクロ団粒が形成される．しかし，コアとなる植物遺体の分解がさらに進むと，エネルギー源がなくなり微生物活動が低下するため，マクロ団粒は崩壊する．

この植物遺体の分解過程で，有機態の窒素，リンなどの植物必須元素は無機化され，植物根に吸収され，有機炭素の一部は CO_2 となり大気に戻る．一方，植物遺体中の元素の一部は，微生物の菌体として，増殖した菌体が放出する代謝物(細胞外酵素や多糖)，またそれらをエネルギー源とする別の微生物菌体として土に残る．植物遺体に比べて低分子化した微生物由来の有機物は，土壌水中の金属イオンや微細鉱物と結合し，有機・無機複合体を形成する．この結合により本来は分解されやすいはずの微生物由来の有機物の一部が安定化され，長期的な土壌

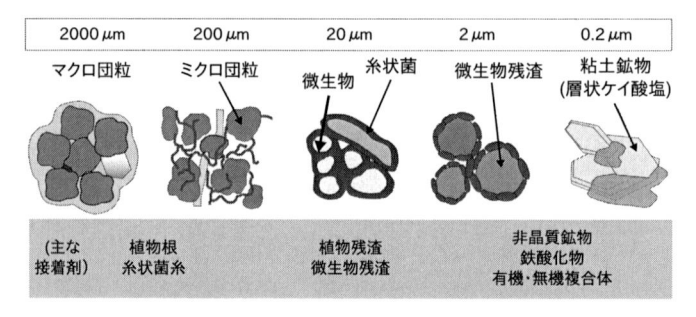

図 2 団粒構造の階層性の模式図 (Tisdall and Oades (1982) をもとに作図)．

炭素隔離 (5-2 などを参照) につながる．同時に，この複合体自体が「長期的な接着剤」としてはたらくため，他の複合体や周辺の土壌粒子を結合させ，ミクロ団粒が形成される．

また最新の透過型顕微鏡や放射光分析から，ミクロ団粒内にもナノサイズの団粒構造が存在することがわかりつつある．しかし，これら超微細団粒の形成と崩壊のメカニズムは未解明である．

○ 団粒化に影響を及ぼす要因

団粒の形成や安定化に影響を及ぼす要因を整理すると，① 土壌鉱物，② 有機物，③ 生物 (土壌動物，微生物，植物)，④ 環境変動の 4 つに大別できる．① 土壌鉱物については，非晶質鉱物や鉄・アルミニウムの酸化物が「長期的な接着剤」としてはたらくため，これらの含有量が高い土 (例えば火山灰土壌や熱帯強風化土壌) では強固なミクロ団粒ができやすく，クラスト形成 (次項) にもつながる．②，③ については上述したとおりだが，団粒化を強く促進する生物としてミミズ (特に土食や雑食の生活型) があげられ，ダーウィンの晩年の研究をはじめ多くの研究が行われている．また，植物根や菌根の菌糸の量や種類もマクロ団粒の形成に大きな影響を与える．④ については，季節性や干ばつなどの自然環境の変動，および土地利用の変化や農地管理などの人為的改変の両者が強い影響を及ぼす．

○ 土壌団粒と生態系機能

落ち葉などの有機物が土に継続的に入り，それが土壌生物によって分解される中で，団粒構造の形成と崩壊のバランスが維持され，健全な物質循環が保たれてきた．20 世紀前半からの集約的農業は生産効率を高めると同時に，土壌劣化を引き起こしやすい．トラクター耕作や化学肥料利用 (堆肥投入の低下) による土壌有機物の低下は，団粒を減少させるため，団粒が担う土壌の諸機能は低下する．一方，適切な有機物管理による団粒の維持増進は，土の機能性を高め，干ばつによる農作物への悪影響，豪雨や強風による土壌侵食を低減させることができる．つまり，土壌団粒の維持・管理によって，水・養分の保持や土壌生物多様性の維持などの生態系機能や農業の持続性を高めることができる．

コラム6 土のかたさ・土のかたち

久保寺 秀夫

　土の硬さは,現場で土にさわってみるだけでも評価できる.海岸の砂などはそもそも硬さを感じない.これに対し,粘土(径 0.002 mm 以下の細かい粒子)が多い低地土や黄色土は,特に乾燥した場合に非常に硬い土塊になる.しかし,日本に多い黒ボク土つまり火山灰土壌の場合は,粘土が多くてもあまり硬さを感じない.これは,黒ボク土では団粒構造が発達しており,団粒が砂のような粗い粒子に似た振る舞いをするためである.

　阿蘇周辺の黒ボク土地帯の一部には,下層に「ニガ土」とよばれる特殊な土壌が見られる.ニガ土は地表に出て乾燥すると,収縮して硬い土塊となり農業上の問題となるが,その硬さは土層によって異なる.非常に硬くなる土層(図1左)と,あまり硬くならない土層(図1右)の形態を顕微鏡で見ると,硬くなる土層は全体にべったりして隙間が少ない構造であるのに対し,硬くならない土層は発達した団粒構造をもち隙間が多い.このように,土の「かたさ」と「かたち」には密接な関係がある.団粒が発達した土壌はいわば「おにぎり」であり,団粒が乏しい土壌は「お餅」である.当然,お餅の方が硬い.

　おにぎりとお餅の違いは絶対的なものではなく,おにぎりもつぶせばお餅に近くなる(うるち米と餅米の違いはあるが).植物の生育や農作業の面からは,土を硬いお餅にしない方が都合がよい場合が多い.では,土をお餅にしてしまう原因とは何だろうか.

　その一つは物理的な作用である.乾いたときに土が硬くなるのは,水が失われる際,土壌粒子の間に残った水に表面張力が生じて粒子どうしを引き寄せ,摩擦力や凝集力を強めるためである.また乾燥以外では,踏圧の影響がある.農耕地の作土直下が,機械の踏圧などにより緻密化した層は鋤床層(耕盤層)とよばれ,緻密化が著しい場合は作物根の伸長や排水の面で問題となるため,サブソイラーなどを用いた破砕が行われる.また土壌の表面で雨滴の衝撃などによる団粒の破壊が生じ,形成される硬化土膜がクラストである.クラストが形成された土壌では,降雨時の土壌侵食や作物の出芽阻害などの

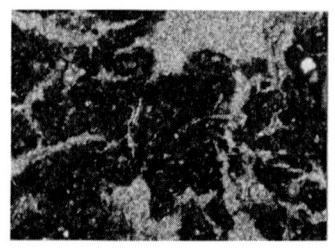

図1　阿蘇周辺の特殊黒ボク土「ニガ土」の微細形態(写真の短辺が 1 mm).左:乾燥時に強く硬化する土層,右:あまり硬くならない土層.

コラム 6 土のかたさ・土のかたち

問題が起きる.

　もう一つの要因は化学的な作用である.雨の多い日本では土壌は酸性に傾きやすく,石灰施用などによる酸性矯正が重要だが,赤色土や黄色土では過度の酸性矯正で pH が高い状態 (アルカリ性) になると乾燥時に硬い土塊を形成するようになる (図 2).その原因は未解明だが,アルカリ性の条件では粘土の分散 (みそ汁の味噌のように綿毛状になるのではなく,液中に均等に散らばった状態になること) が生じることが関係していると思われる.また,堆肥など有機質資材を施用することは,一般に土壌を膨軟にし扱いやすくするとされるが,10 アールあたり 3〜6 t の牛ふん堆肥を毎年連用した黄色土の畑で乾燥時の硬化が助長されたなど,堆肥の多量施用がかえって土を硬くした事例もある.このように,不適切な土壌管理によって土が扱いにくいお餅になってしまうこともあるため,資材の施用は闇雲に行わず pH の状態や施用指針をふまえて適正に行うことが重要である.

　海水の浸入などによりナトリウム濃度が上がった土壌では粘土の分散が促進されるため,クラストの形成が助長されるが,これは化学的な要因と物理的な要因の複合による土壌硬化現象ととらえることができる.

図 2　沖縄の黄色土の土塊化.左：純水で湿らせてから乾燥 (pH 3.6),右：水酸化ナトリウム溶液でアルカリ性にして乾燥 (pH 7.4).(口絵参照)

3-7　微生物による有機系有害物質の分解

吉川 美穂・張 銘

　身のまわりの土は，農業や工業活動などにより汚染されることがある．環境中へ放出された有害物質は土の自浄作用によりやがて消えるが，この作用の一端を担うのが有害物質の分解能をもつ微生物である．微生物を活用し，効率的に有害物質を浄化する手法(バイオレメディエーション)も実用化されている．土の中で分解能をもつ微生物およびバイオレメディエーションの現状を概観してみよう．

○ 微生物による有害物質の分解機構

　有害物質の分解は，微生物が生産する分解酵素が関与する反応である．微生物代謝の観点から，分解酵素による有害物質の分解で微生物がエネルギーや炭素源を得る直接分解，他の物質を分解する際に生産される酵素が有害物質をも分解する共代謝に分けられる．また，有害物質の形態変化の観点から，有害物質の酸化分解，有機塩素化合物の塩素が脱離される脱塩素分解などに分けられる．

○ 有害物質の種類と分解微生物

　一部の農薬，ポリ塩化ビフェニル(PCB)および揮発性有機化合物(VOCs)などが，土壌汚染対策法で特定有害物質に指定されている．また，多環芳香族炭化水素(PAHs)による汚染も多い．これらを分解する微生物をみていこう．

　除草剤のシマジンは，現在使用されている農薬の中で残留性が比較的高く，土壌汚染対策法により規制されている．シマジンは，シュードモナスなどによる脱塩素化を発端とし，多段階の過程を経て二酸化炭素とアンモニアに分解される．

　PCBは，現在では使用が規制されているが，熱媒体や絶縁体として工業分野で広く使用されていた．PCBの分解にはシュードモナス，バークホルデリアなどの好気性細菌による酸化分解と，デハロコッコイデスなどの嫌気性細菌による脱塩素分解がある．酸化分解はビフェニルとの共代謝であり，塩素数が少ないほど容易である．脱塩素分解は，微生物種に応じて分解可能なPCB異性体や分解経路

が異なる.

VOCs 汚染の中では,工場やドライクリーニングにおいて脱脂溶剤として広く使用されてきたクロロエチレン類による汚染が国内で多い.デハロコッコイデスはクロロエチレン類を脱塩素化し無害なエチレンに完全分解できる (図1).

PAHs は有機物の不完全燃焼などにより大気中へ放出され地上へ降下するため,汚染範囲が広い.特に,PAH 異性体の一つであるベンゾ [a] ピレン (BaP) は発ガン性が認められ,懸念が高まっている.BaP はシュードモナスやマイコバクテリウムなどによって,コハク酸エステル,ペプトンなどとの共代謝で分解される.

○ バイオレメディエーションの現状と課題

バイオレメディエーションの進め方を,実施件数の多いクロロエチレン類を例に紹介しよう.まず,汚染された土の中に分解生物が十分量生息しているかを,デハロコッコイデスの 16S rRNA 遺伝子や分解酵素をコードする遺伝子 *tceA*,*vcrA*,*bvcA* 定量により診断する.また,汚染サイトから採取した土や地下水を用いて実験室内で分解試験を行う.試験では,微生物の分解に有効な有機物などを加えることも多く,分解の可否や促進条件を評価する.これらに基づき,汚染サイトに有機物などを添加し微生物分解を促進させる (バイオスティミュレーション).一方,土の中の微生物量やその分解能が不十分な場合には,サイト外の分解能の高い微生物を添加する (バイオオーグメンテーション).国内でもバイオオーグメンテーションの実例が徐々に報告されつつある.

有害物質を分解する様々な微生物を紹介したが,バイオレメディエーションの

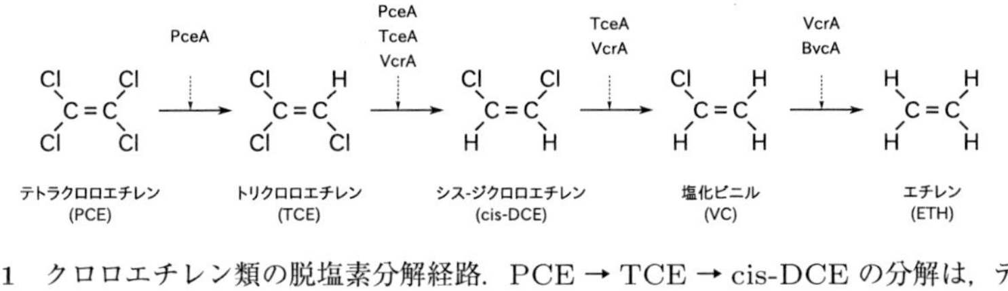

図1 クロロエチレン類の脱塩素分解経路.PCE → TCE → cis-DCE の分解は,デハロコッコイデスやデスルフロモナスなども担うが,エチレンまでの完全分解可能な微生物はデハロコッコイデスのみが知られている.分解酵素 PceA により PCE → TCE → cis-DCE,TceA により TCE → cis-DCE → VC,VcrA により TCE → cis-DCE → VC →エチレン,BvcA により VC →エチレンの反応が進む.

実用化にあたり課題も多い．室内試験と汚染サイトでの条件の差異に加え，浄化の長期化や不確実性などが懸念され，今後さらなる研究・技術開発が望まれる．

第4部

食料生産と土

4-1 水田の土と水田システム
―日本の原風景―

藤井 弘志

■ ■ ■

　日本は「瑞穂 (みずほ) の国」といわれ，私たち日本人は，弥生時代から現在まで水田から生産されるコメを主食としてきた．みなさんは，水田のある農村風景をみると，ほっとしたり，心が和んだりしないだろうか．水田のある農村風景は私たち日本人の「心のふるさと」ともいわれている．日本人にとって大事な原風景を形成している水田のこと，水稲のことをいっしょに考えてみよう．

○ 水田と畑の違いは

　水田と畑とのいちばんの違いは，水田では水を張って栽培を行うことで，水を張ることによって土の中で起こる一連の物質の変化があることである．水田に水を張ると土の中の酸素が微生物によって使われ，土の中が酸素欠乏 (還元) 状態となる．還元が進むと三価鉄が二価鉄になり土壌 pH が中性付近に保たれ，畑条件では作物に吸収利用できないとされる鉄と結合したリン酸が溶け出し水稲に利用できるようになる．

　畑では同じ作物 (ダイズ，野菜) を連作すると収量が低下したり，病気にかかりやすくなる連作障害が発生したりする．一方，水田では毎年，イネを栽培してコメを安定的に収穫できる．その違いは，イネの栽培期間中にたくさんの水を水田に灌水 (供給) しているからである．灌水された水によって養分が供給されるとともに，作物に有害な成分が多量の水で洗い流される．さらに，畑では作物に大きな被害を及ぼす線虫や有害な微生物は，水が張ってあって酸素の著しく少ない条件では死んでしまう．10 アールの水田に対する灌漑水量 1400 t あたりの灌漑水による養分供給は，植え付けから収穫までの期間で，カルシウムで約 16 kg，マグネシウムで約 4 kg，カリウムで約 2 kg，ケイ酸で約 30 kg になる．

　地力の消耗が少ないのも水田の特徴の一つで，その理由は，水が張ってあって酸素の少ない還元的な水田は，酸素の多い酸化的な畑に比べて，有機物の分解するスピードが緩やかになるためである．そこで，土の中にある有機物に含まれる窒素成分が

土の中に多く蓄積し，少しずつ無機化した窒素が水稲に利用されている．加えて，水田土壌の表面の層に生息しているシアノバクテリア(ラン藻)による空気中にある窒素を固定することによって1年間10アールあたり約2 kgの窒素が供給される．さらに，土壌中における主な無機態窒素の形態は，水田ではマイナスに帯電している土壌に吸着できるプラスの荷電をもったアンモニア態窒素であるのに対して(磁石のプラスとマイナスがくっつくように)，畑では土壌に吸着できないマイナスの荷電をもった硝酸態窒素であり，降雨があると水といっしょに下層へ流れてしまう．古くから「イネは地力でムギは肥料で」といわれるように，水田のもつこのような特徴が，作物生産に大きく関与すると同時に水田の高い肥沃性や持続性をもたらしている．

また，水を張ってあることによって，水稲が低温に弱い時期である穂が出る10日前の低温からイネを守ったり，夏の高温時に暑さからイネを守ったりする．このように，日本人の主食であるコメを安定的に供給できるのは水田のもつ様々な優れた機能のおかげであり，水田は日本人にとって大きな財産である．

○水田のもつ多面的機能が私たちの生活を支える

水に関する役割として，10アールの水田に10 cmの水を張ると約100 tの水を蓄えられることがあげられる．これは，大雨のときの洪水を防ぐダムの役割を果たしている．また，水田は，1日10～20 mmの水が下方にゆっくり移動している．この間に窒素やリン酸などの成分がイネに吸収されたり，土壌に吸着されたりして，きれいな水になる．ゆっくり地下にしみだした水は地下水になったり，また川にもどったりして水の量を補給したり，維持したりしている．また，水田からの水の蒸発や水稲の葉身などの気孔からの蒸散によって空気中の温度を下げる効果があり，いわば，天然のクーラーの役割を果たしている．このことは，近年の地球温暖化による気温の上昇も和らげるのにも大きな役割を担っている．また，水田は多くの生き物を育み，生物多様性を生み出す場でもある．さらに，水田がある「故郷の景観」「心やすらぐ景観」も形成している．このように，水田は多面的な役割をもち，私たちの生活を支えるガス，電気や水道などと同じライフラインである．近年，コメの消費が減少し，その分，水田面積も減少している．コメを食べることは水田を大事にすること，その意味をもう一度考えてみよう．

○ 水稲・水田をとりまくキーワード

　現在の水稲・水田をとりまくキーワードとして，① 収量や品質に影響を及ぼす高温・日照不足・台風などの気象災害の発生頻度の増加，② 消費者ニーズとしてのコメの食味向上，③ 化学合成農薬や肥料の使用量を減らす環境に対する負荷の少ない環境保全型農業の推進，④ 労働時間の短縮や水稲栽培にかかる費用を下げるための省力・低コスト稲作の推進，⑤ 農家数の減少と高齢化，⑥ 農業の資材 (肥料，燃料) 価格の高騰，⑦ 水田の地力低下があげられる．どのキーワードも今後の日本人の主食であるコメの生産にかかわる重要な課題である．その中から，水田の地力低下，環境保全型農業の推進，省力・低コスト稲作の推進について解説する．

　現在の日本の水田では，米価の低迷，農家の高齢化 (労働力の問題)，資材 (肥料，燃料) 価格の高騰などによって土づくり (完熟した有機物施用，ケイ酸資材の施用，適切に耕す深さの確保) が停滞している．水田土壌の pH の低下やケイ酸供給量の低下と併せて，稲わらの分解の遅延が起こっている．加えて近年は大型機械の走行による踏圧で土壌が硬くなったり，水田を耕す深さが不足して，水田の水の透水性が不良となる傾向による土壌還元が急激に進んで，イネの生育にダメージを与える有害な物質 (硫化水素，有機酸) が多くなり，根の伸長が抑制されている．水田のもつ高い生産力は自然にできたのではなく，先人たちが客土，堆肥，土壌改良資材を施用し深く耕すなど土づくりに力を尽くした賜物である．

　環境保全型農業は，農業のもっている循環機能を活かし，堆肥施用などの土づくりを通して化学合成した農薬や肥料の使用量を減らし，環境に対する負荷を小さくするとともに，安全・安心な農作物を消費者に提供する農法である．実際には，慣行法に比べて化学合成農薬および肥料の低減技術を導入するエコファマーから，まったく化学合成農薬および肥料を使用しない有機農業などの種類がある．

　省力・低コスト稲作には 2 つの側面がある．一つは労働時間の短縮，もう一つは費用 (コスト) の低減である．現在，導入されている技術としては，育苗ハウスなどによる苗つくりをしないで，水稲の種子を直接，水田に播種する直播栽培 (じきまきさいばい) で，育苗作業の省略と育苗用ハウスや育苗箱，育苗用資材 (土，肥料)，育苗器などが不要になり，それにかかる費用が低減される．水田に移植する株数が慣行栽培よりも少ない疎植栽培で，慣行栽培に比べて減少した分の育苗

箱，育苗資材代の低減になる．緩効性肥料を育苗箱に施用する育苗箱全量施肥 (基肥，追肥作業の省略) や無人ヘリ，乗用管理機の導入など (農業機械の高性能化) により作業時間の短縮なども行われている．

○ 水田を守るために

　日本人にとって，水田はコメの生産だけでなく，洪水の防止，生物多様性の確保，美しい景観，文化の伝承など多くの役割を担っている．私たちの財産である水田が年々減少していると同時に，水田の土壌が年々劣化している．消費者のみなさん，コメを食べることは日本の農業や日本人の心の故郷を守ることである．日本農業の生命線である水田農業を守るためには，生産性の高い水田をつくり，将来の世代に引き継ぐ必要がある．そのためには，農家の人が土づくりの努力ができるような環境 (生産コスト) を考慮した適正な米価について理解することも重要な行動である．

　無から有を生み出す農地 (水田) は国の宝である．水田の地力の実態を考え，発言し行動するのも，国民の役割といえるだろう．

コラム7　森林が支える水田土壌

逢沢 峰昭

　北関東東部の栃木・茨城県境に広がる八溝山地の中山間地域には，集落と自然環境が一体となった里山景観が広がっている (図1)．この地域では，タバコ栽培用堆肥に使う落葉を得るための大面積の農用林があったことに加え，多くの水田が農用林で囲まれた谷津につくられていたことから，稲作において，採集した落葉をそのまま冬季湛水田 (冬水田んぼ) に施用する伝統農法が行われていた．しかし，燃料・肥料の転換や農業経営の変化により，今日では，このような森林由来の有機物の水田への投入を通した林地と農地の結びつきが失われてしまった．

　このようななか，かつてこの地域で行われていた落葉を用いた伝統農法や，落葉堆肥を用いた農法により稲作を行うことは，林地と農地の一体的利活用を促し，この地域の農林業の継続的経営と里山景観の保全につながる一つの有効な手段になりうると考えられた．しかし，伝統的な落葉や落葉堆肥の利用量や水田への施用量は経験的に決められてきたことも多く，山と田畑のつながりを表すこれらの量を記録しておくことは重要であろう．そこで，① 農用林からどの程度の落葉が採集でき，ここからどの程度の落葉堆肥が得られ，どの程度の量が施用されるのか，また，どの程度の農用林面積が必要であるのか，② 落葉および落葉堆肥にはどの程度の肥料成分量が含まれ，どの程度のコメの収量が確保できるのか，について調べた．

　冬の落葉期に，調査枠内のすべての落葉を熊手を用いてかきあつめて重量を測定した結果，農用林 (コナラ林) から少なくとも 5 t/ha の落葉を確保できること，採集した落

図1　栃木県那須烏山市の中山間地域の里山景観．農用林を背景に水田が広がる (水野研介撮影)．

葉を用いて，堆肥生産を行ったところ，低温季からでは約 9 カ月で落葉 5 t から 2.4 t の落葉堆肥 (いずれも乾燥重量) が生産できることがわかった．また，当時の作業を復元して調べた結果，水田 1 ha あたりの慣行的な施用量は，落葉で 4.4 t，落葉堆肥で 3.7 t であった．これらの数値を基に計算した結果，水田 1 ha への施用に必要な落葉および落葉堆肥を確保することができる林分面積はそれぞれ 1 ha 程度であった．これは，農地を養うために等倍面積の農用林が必要という当時の経験知と一致しており，林地と農地の一体的利活用の中で生まれた在地の知恵といえよう．

　水稲米の収量調査を，2 年間落葉および落葉堆肥を施用した区，化学肥料 (慣行栽培) 区，無施肥区を設けて，無農薬，除草剤無使用の条件で行った．玄米の 1 ha あたりの収量は，落葉および落葉堆肥施用区はそれぞれ 4.1 ± 0.1 t と 4.0 ± 0.1 t であった．これは，化成肥料区の 5.0 ± 0.3 t の 8 割，全国の無農薬・無化学肥料栽培の水稲収量 4.3 t の 9 割程度とそれほど低い値ではなかったが，無施肥区の 3.8 ± 0.6 t と同程度であった．このように，落葉および落葉堆肥の収量面での短期的な肥料効果はきわめて限定的であるといえる．化学分析の結果，落葉および落葉堆肥の 1 kg あたりの窒素，リン酸 (五酸化リン)，カリ (酸化カリウム) の含有量は，落葉で 11.3, 1.21, 1.80 g，落葉堆肥で 17.5, 2.12, 2.20 g であった．これらの値と水田 1 ha あたりの施用量を用いて，落葉および落葉堆肥の肥料成分量を計算した結果，リン酸とカリについては，一般的な施肥基準量より大きく不足していたものの，窒素については，施肥基準量に匹敵する量が落葉・落葉堆肥によって供給されていた (表 1)．落葉堆肥は，肥効率を考慮すると，リン酸とカリの不足はさらに顕著になったが，窒素については，施肥基準量の約半分が供給されていた．落葉に由来するこれら養分の肥効は，落葉の炭素/窒素比が 40 程度であることを考慮すると，あまり大きくないと考えられる．しかし，落葉や落葉堆肥の連年施用を通して，水田土壌中に未分解の有機物が蓄積し，これから供給される養分で次第に施用効果が高まると予想されることから，長期的には養分蓄積効果が発揮されていたものと推察される．また，化学分析の結果，落葉や落葉堆肥にはカルシウム，マグネシウムなどが多く含まれていたことから，森林は水田土壌への養分供給源としての役割を果たしていたのだろう．

表 1　水田 1 ha に施用した落葉および落葉堆肥中に含まれる肥料三要素量 (逢沢ら (2013) を一部改変)．

	窒素 (kg)	リン酸 (kg)	カリ (kg)
落葉	49	5	8
落葉堆肥	65	8	8
施肥基準量 (栃木県)	40〜50	90	80〜90
落葉堆肥の肥効率 (%; 栃木県)	30	50	90
落葉堆肥の有効成分	20	4	7

4-2　畑の土と土壌肥沃度——緑肥の効果——

松村　昭治

■ ■ ■

　「緑肥作物」は後作物への肥料的効果を目的として利用される作物であり，昭和初期には窒素固定力をもつレンゲや青刈りダイズが主に利用されていた．「カバークロップ(被覆作物)」は地表を覆うことにより，水食や風食から土壌を保護する目的で利用される作物である．また，「キャッチクロップ」は土壌中に残存する施肥養分を一時的に受け止めておくことを目的として利用される作物を意味する．これら3つの用語は一般にカバークロップと総称されることが多いが，ここでは緑肥とよぶことにする．緑肥は上記のように多面的な機能をもつことから，持続的農業の切り札的存在として注目されるようになってきた．以下に土壌肥沃度と緑肥の諸機能との関係を紹介する．

○土壌肥沃度とは？

　「肥沃な土壌」とは「作物がよくできる土壌」である．では，それはどんな土壌であろうか？ 肥料が潤沢でなかった時代には，施肥をしなくても作物がよくできる土壌が肥沃な土壌であったであろう．しかし，このような方法が持続しないことはいうまでもない．長期的持続性を考えるならば，肥沃な土壌とは，「作物の根が丈夫に育ち，必要な養分と水の供給など適切な条件が与えられると，作物が順調に生育して目的とする収穫物を多く得られる土壌」ということができ，これらの条件がどれだけ満たされているかが土壌肥沃度の概念であるといえよう．

○緑肥作物の利用による土壌肥沃度の維持・改善

　「作物の根が丈夫に育つ」とは，具体的には活性が高い根系が深く広く発達するということである．そのためには膨軟で通気性のよい土壌構造が重要である．固く緻密な土壌では根系の発達が制限されるため，固い土層(硬盤，耕盤)を破砕してやる必要がある．この目的のためにはサブソイラーという作業機が使用されることが多いが，セスバニア (*Sesbania rostrata*) やクロタラリア (*Crotalaria juncea*) のような太く深い直根をもつ緑肥の栽培によっても達成できる．また，根の活性を高く維持するためには根の細胞が活発に呼吸できる好気的環境が必要である．これを可能にするのが団粒構造であり，多量の有機物供給と土壌生物の繁殖によって形成される．腐敗有機物や土壌生物由来の腐植が接着剤としてはたらいて土壌粒子が団粒化されるのである．有機物供給は一般に堆肥施用や作物残渣のすき込みによって行われるが，緑肥の利用も容易かつ効果的である．

緑肥はまた，土壌に残存している養分の溶脱を抑制し，有効利用を可能にする．これはキャッチクロップとしての機能による．筆者らは冬用緑肥としてヘアリーベッチ (*Vicia villosa*) を，夏用緑肥としてヒマワリ (*Helianthus annuus*) を栽培している．2007～2009 年の例では，ヘアリーベッチの平均乾物量は 8.6 t/ha で，278 kg/ha の窒素を含有していた．窒素固定量は約 50 % と推測され，残りの約 50 % は土壌中に残存していた窒素に由来すると考えられた．畑土壌では硝酸態窒素が降雨により容易に溶脱するが，この例では約 140 kg/ha の窒素が溶脱されずに次作物に施用されたことになる．他の成分も同様に溶脱を免れて次作物に利用される．夏作のヒマワリでも 2 か月間の栽培で同様な効果が確認されている．図 1 に主作物とカバークロップとの関係を一般化して示した．無機化されなかった養分は土壌生物や腐植の形態で土壌中に残存し，以後徐々に無機化されて作物に利用されるようになる．この部分がいわゆる可給態養分であり，土壌肥沃度の重要な要素である．

以上のように，緑肥も堆肥と同様に土壌肥沃度の維持・向上の効果をもち，しかも広い圃場に低コストで適用できることから，さらなる利用拡大が期待される．

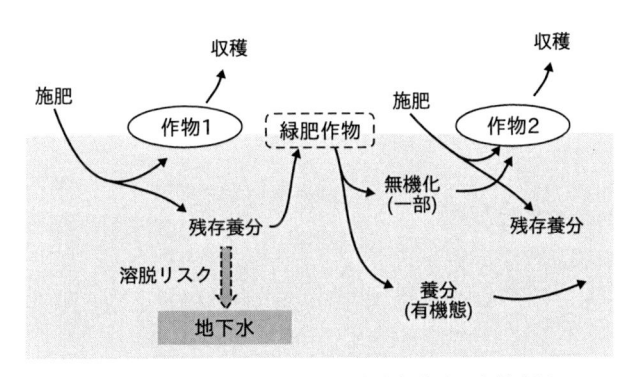

図 1　緑肥作物の利用による土壌残存養分の有効利用．

コラム8　リモートセンシングを用いた土の評価

丹羽　勝久

　医者が患者の診察を行う際，レントゲンや CT 検査などを用いて，直接，患者に触れることなく病気の診断を行うことがある．農業分野においてもセンサを活用し，土の状況を直接，触れることなく測定する技術が開発されている．このように「物に触らず調べる技術」のことをリモートセンシングという．

農業分野のリモートセンシング

　農業分野のリモートセンシングでは主に光学センサーとよばれるセンサーが利用されており，人工衛星，航空機，UAV (無人航空機)，トラクタなどに搭載されたセンサーから表層土壌や作物生育を測定する．光学センサーは可視域 (赤，緑，青) の反射強度や私たちが目にすることができない近赤外域の反射強度を測定することができる．例えば，作物の葉が緑色に見えるのは，植物が光合成のために光を吸収する際，緑色光の吸収率が青色光や赤色光に比べて低く，その結果，緑色の反射強度が，その他の可視域よりも高くなるからである．このことから，生育旺盛で葉が濃緑色を呈している作物と，生育不良で葉色が退色しているような作物の違いは，各波長域の反射強度 (分光反射特性) から知ることができる．

　人工衛星の場合には，測定範囲は広く，例えば農業分野でよく利用されている SPOT 衛星を例にすると，現在運用中の 6 号や 7 号では 60 km の測定幅で，地上分解能 6 m の反射強度 (赤域，緑域，青域，近赤外域) を測定することができる．しかし，人工衛星では雲がかかっている状況では測定は困難である．それに対して，UAV は低空を飛行するため，雲がかかっている場合も，雲の下を飛行し，分光反射特性を数 cm レベルの地上分解能で測定することができる．しかし，測定範囲はせいぜい数 ha 程度が限界である．

　以上のように，光学センサーを利用したリモートセンシングでは，センサーを搭載する機器に一長一短があり，目的に応じた使い分けが重要である．

これまで行われてきた土の評価

　これまで，リモートセンシングによる土の評価として，表層土壌の分光反射特性から直接的に土壌腐植含量，土壌水分，保水性を，間接的に礫層出現深度を評価した事例がある．その他，作物生育の分光反射特性から，間接的に礫層出現深度や排水不良区域を評価した報告もある．

　その中でも代表的なのは土壌腐植含量の評価である．土壌腐植含量が高くなるほど可視域や近赤外域の反射強度が低下するという特徴をもち，これまで人工衛星を利用し，畑地や水田における表層の土壌腐植含量図がつくられてきた．土壌腐植含量は土壌生成

にも大きくかかわる因子であり，例えば北海道十勝地域の黒ボク土では乾燥条件で生成した黒ボク土ほど土壌腐植の集積が少なく，湿潤条件で生成した黒ボク土(多湿黒ボク土)ほど土壌腐植に富む特徴をもつ．このような特徴を活用してリモートセンシングにより作成した土壌腐植含量図を土壌分布図に読み替えた事例もある．さらに，土壌腐植含量の多少は窒素肥沃度とも関連しており，土壌腐植含量図を窒素肥沃度地図に変換した事例も報告されている．

今後の展望

リモートセンシングを利用することで様々な土の情報を，人工衛星の場合は大きな測定幅で，UAVの場合は高解像度で提供することが可能であり，今後，地域の抱える農業事情に即した形での有効活用法が望まれる．その一例として，北海道の大規模畑作地帯では，① 一枚の畑が，数haにもおよび窒素肥沃度のむらが大きいこと，② 農家人口の減少に伴い農家1戸あたりの経営面積が増大しており従来の「勘と経験」に基づく施肥管理には限界があることなど，の問題に直面している．このような背景から，筆者らは当該区域において，空撮用無人ヘリコプターを用いて一筆圃場の窒素肥沃度のバラツキを詳細に把握し，その結果に基づく場所ごとの変異に応じた可変施肥計画の立案を行っている．併せて，作業位置の施肥量を施肥機に自動送信できるアプリを開発し，自動可変施肥を可能にしている(精密農業とよばれる)(図1)．

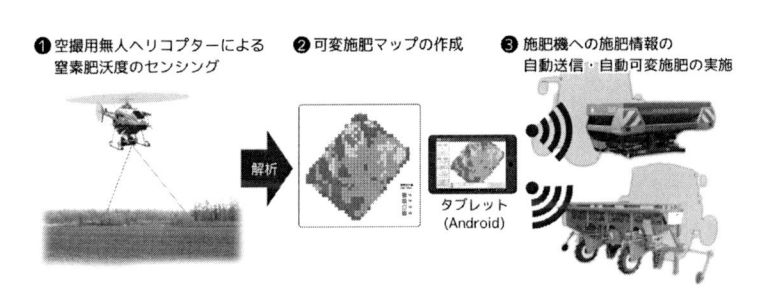

図1 空撮用無人ヘリコプターを用いたリモートセンシングによる自動可変施肥システム．

4-3　窒素を生み出す微生物

岡崎 伸

■ ■ ■

　窒素は生物にとってアミノ酸やATP，核酸の合成に必須な元素である．また，窒素は植物が行う光合成に必要なクロロフィルの主要構成要素であるが，植物は大気中に無限に存在する窒素を一切利用できない．唯一大気中の窒素を利用できるのは窒素固定菌であり，植物は窒素固定菌がアンモニアなどに固定した窒素化合物を利用することで窒素を獲得して生きている．

○ 工業的窒素固定と生物的窒素固定

　窒素分子は二つの窒素原子が三重結合で結合したもので，反応性に乏しい．このため窒素分子をアンモニアに変換する窒素固定反応には大きなエネルギーを必要とする．工業的にはハーバー・ボッシュ法により500℃，1000気圧という高温高圧条件下で窒素からアンモニアが合成され，化学肥料の主原料となっている．この方法は多量の化石燃料に依存しており，二酸化炭素を排出し，大気汚染の原因ともなる．

　一方，一部の細菌には，窒素固定を行うものが存在する．これらの窒素固定菌はニトロゲナーゼという酵素をもち，常温常圧下で窒素分子をアンモニアへと変換することができる．

○ 窒素固定菌の種類

　窒素固定菌には，土壌中や水中に生息して単独で窒素固定を行う自由生活型窒素固定菌と植物と共生して窒素固定を行う共生窒素固定菌がある．自由生活型窒素固定菌は，他の生物との直接の相互作用なしに顕著な量の窒素を固定し，自らの生育に利用している．このタイプの窒素固定菌には，アゾトバクター，クロストリジウムなどが含まれる．土壌は一般的に炭素源やエネルギー源に乏しいため窒素循環への貢献度は小さいと考えられているが，土壌中の窒素固定菌が1 haあたり年間25〜35 kgもの窒素を土壌に供給するという報告もある．

窒素固定菌の中には，アゾトバクターやアゾスピリラム属細菌のように，イネやサトウキビのような植物と密接にかかわりながら生息するものが存在する．これらの細菌は，植物の細胞間隙や根圏に定着して窒素固定を行う．サトウキビの茎や根の細胞間隙に生息するアゾトバクターは，1 ha あたり年間 40 kg もの窒素を固定してサトウキビの生育を促進することが知られている．

植物と共生して窒素固定を行う微生物は共生窒素固定菌とよばれている．植物は光合成で得た炭素化合物を窒素固定菌に供給し，窒素固定菌はこれをエネルギーとして利用して窒素固定を行い，アンモニアなど固定した窒素を植物に供給する．

共生窒素固定の例として，水生シダ・アカウキクサとシアノバクテリア・アナベナの共生が知られている．アナベナはアカウキクサの葉状体に定着して窒素固定を行う．この共生系は古くから東南アジアの水田で肥料として利用されてきた．水田で増殖したアカウキクサ・アナベナは，1 ha あたり年間 600 kg 以上の窒素を固定するといわれており，土にすきこまれたアカウキクサは分解され，窒素源としてイネの生育を助ける．また，放線菌フランキアはヤシャブシやモクマオウなどのアクチノリザル植物に共生して窒素固定を行う．アクチノリザル植物は窒素に乏しい環境で繁殖する傾向があるが，これは共生するフランキアが窒素を供給して生育を助けることで他の植物との競争に勝つためであると考えられている．

窒素を生み出す微生物の中で，最も重要なものはマメ科植物と共生して窒素固定を行う根粒菌である．根粒菌はマメ科植物の根に根粒とよばれる瘤状の器官を形成し，その中で窒素固定を行う．ダイズでは子実タンパク質中窒素の約 6 割が根粒菌による窒素固定に由来するとされている．根粒菌の根粒形成と窒素固定は土壌中の窒素濃度が高いと阻害されるため，根粒菌を有効に活用するためには，土壌中の窒素を低濃度で維持することが重要であり，緩効性肥料や深層施肥がダイズの多収に有効であることが示されている．

○今後の展開

近年の DNA 解析技術の革新的進歩により，ゲノム解析 (全遺伝情報解析) やメタゲノム解析 (環境中の網羅的遺伝情報解析) による新しい窒素固定関連遺伝子の発見や，窒素施肥による窒素固定微生物群の変化など，興味深い研究報告が急増している．これらの研究成果を現場の農業にどう生かして窒素固定菌を効率よく利用する技術につなげるかが今後の最重要課題であろう．

4-4 チェルノゼムにおけるコムギ栽培と土壌有機物分解——農業と環境のトレードオフ——

角野 貴信

■ ■ ■

　チェルノゼム，あるいはチェルノーゼムと聞いて，「ステップ気候下の肥沃な黒い土壌」と頭に浮かんだ方は，中高生のときに地理の授業を楽しく受けられていたのではないかと思う．「土壌の皇帝」と渾名されるほどの高い肥沃度を秘め，半ば嫉妬に近い羨望のまなざしを向けられるこの特異な土壌について，その成り立ちと利用上の問題点について解説したい．

○チェルノゼムとは？

　チェルノゼムは，ロシア語の「黒い（チョールヌィ）」と「土（ゼムリャ）」から派生している．土壌断面を掘ると，地表から深いところでは1 mくらいまで真っ黒な土壌であり，まさに「黒土」あるいは「黒色土」の訳語がふさわしい．ちなみに近接した地域には「カスタノゼム（栗色土）」や「ポドゾル」が広がっているが，これらもロシア語起源である．ロシアにかかわりが深いのは偶然ではなく，これら土壌がかつてユーラシア大陸全体に広大な版図を維持していた帝政ロシア内に分布しており，そこで調査と研究が進んだためである．

　ロシアでは，19世紀半ばにはすでにチェルノゼムが高い肥沃度をもつことが知られており，肥料のように売買されていた．窒素やリン，カルシウムなどの栄養塩類が多いこと，団粒構造が発達していて水もちがよい上に水はけもよく，植物を育てる際の理想的な性質をもっていたためである．しかしながら「なぜ黒いのか」，「なぜ肥沃なのか」についてはわかっておらず，定義がなされないために多くのまがい物が売られていたらしい．そこで，チェルノゼムの生成過程を明らかにし，科学的に再定義する必要に迫られたことから，後に「近代土壌学の父」とよばれることになる地質学者のV. V. ドクチャエフが，現在のウクライナからロシア南部にかけての広範囲を調査し，その謎に挑むことになった．

○ チェルノゼムの成り立ち

　チェルノゼムの起源は，氷河期にさかのぼる．ここ数百万年の地球は，陸地の半分程度が氷河で覆われる氷期と，現在のような間氷期とを繰り返している．現在の間氷期は約1万年前に始まり，大陸中央部までせりだしていた氷河がどんどん極地に向かって後退していった．その際，氷河が削り取って運搬していた岩盤の一部が氷河の融解とともに広く地表に残された．氷河が消失してから植物が地表を覆うまでにはタイムラグがあるため，大陸中央部では風に巻き上げられやすい細かな粒子の砂塵(風成塵)が氷河の縁に沿って帯状に堆積することになった．このように比較的粒子の細かい風成塵の堆積をレスとよぶ．レスの層は，深いところでは数百mにも達することが知られている．

　このようなレスの層が，夏は25℃前後まで気温が上がり冬は氷点下20℃にもなる大陸中央部のステップ気候にさらされると，降水量の少なさのために森林が成立できず，イネ科短茎草原すなわちステップ草原が広がることになる．短茎，というのはせいぜい数十cm程度の長さの茎という意味で，ススキのようには草丈は長くない．しかし，水を積極的に吸収するために地下部に多くの植物バイオマス(根)を配分する戦略をとっている．筆者がウクライナで測定した例では，ス

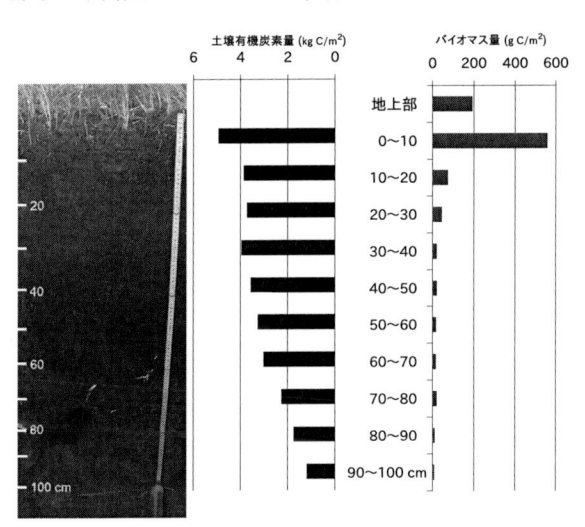

図1　チェルノゼムの土壌断面(写真)と深さ別の土壌有機炭素含量(黒色棒グラフ)，地上部および地下部バイオマス量(灰色棒グラフ).

テップ草原における地下部バイオマス量は地上部に対して,約 4~5 倍にもなった (図 1).

実はこの豊富な根量が,チェルノゼムの黒色の原料となる.つまり,夏季に増大した根毛などのリターは冬季までに脱落し,それが微生物によって分解を受け,この一部がレスに含まれるカルシウムなどの塩基類と結合して複雑な構造の有機物となったものが腐植 (土壌有機物) である.可視光の多くを吸収することにより,腐植は黒色を呈する.夏季の乾燥と冬季の低温は,土壌微生物の活動を抑制して有機物の分解を妨害するだけでなく,レスの風化や,塩基類が土壌中で雨水とともに洗い流されてしまうのを防ぎ,土壌溶液を濃縮して有機物と塩基類を結合しやすくしていると考えられている.現に,チェルノゼムが出現する地域より少し温暖・乾燥した気候区域では,微生物による腐植の分解が活発になることで,より腐植含量の少ない栗色土となる.一方,冷涼・湿潤な気候区では,森林が成立して塩基類が減少し,ポドゾルが出現しやすくなる.まさに,母材,気候,植物,微生物の微妙なバランスの上に,チェルノゼムが形づくられているといえる.

○ チェルノゼムにおける農業

先に述べたように,チェルノゼムは高い肥沃度をもつものの,それは長い時間をかけ,微妙なバランスの上に成立したものである.しかしながら,このような肥沃度の高いステップ地域が大規模に開墾されたのはせいぜい 19 世紀以降のことであり,長い人類の歴史から考えるとつい最近である.なぜだろうか.

この謎を解くヒントもすでに述べたのだが,寒い冬と夏の乾燥である.特に時折起きる 5 月まで凍結したままの表層土や,不安定な降水は農作業を大きく妨げたことだろう.これらの気候にあう品種の選定も難しかったかもしれない.灌漑水や化学肥料を使用し,大型機械で耕起から収穫まで行う近代農業になって初めて,大規模な農業経営が可能になったのである.20 世紀にはユーラシア大陸,アメリカ大陸を問わず草原の大部分が開墾され,次々にコムギ,オオムギ,ライムギ,エンバク,テンサイ,ヒマワリ,ジャガイモ畑などへと転換されていき,それぞれの大陸において穀倉地帯へと変貌した.例えばウクライナでは国土の 56 %が耕地であり,採草地や放牧地を含めた草地は 14 %にすぎない.かつてのような自然草原は,保護区などのごく一部にしか残されていない状況である.

近代農業によって耕地として利用することが可能となったチェルノゼム地帯で

あるが，ではその生産量は，「土壌の皇帝」の名に恥じないものだろうか．筆者はウクライナにおいて，何人もの友人や研究者に「チェルノゼムは『土壌の皇帝』と思うか」という質問をしたところ，彼らの答えは一様に「NO」であった．理由として，夏に気温と降水が少ないため，作物の成長が抑えられることや，灌漑なしに生育できる作物が限られてしまうことをあげていた．実際，ヨーロッパ西部で行われている小麦作では平均的な収量が 5〜6 t/ha である一方，ウクライナでは 2〜3 t/ha 程度しかない．もちろん，農薬や化学肥料を多投しない農業であるとはいえるが，やはり気象条件が作物バイオマス量の少なさにつながっており，総合的な作物生産能力では「皇帝」とはいえないことを意味している．

○ チェルノゼムの農業利用と環境問題

ユーラシア大陸では，20世紀に入ってソ連邦の下で一斉に機械化による草原の開墾を行い，コムギや綿などの作物への転換を行った結果，土壌中の腐植が大幅に減少した．ウクライナでは100年間に20〜69％が消失したという報告もある．これはやはり草原植生下で維持されてきた多量の地下部バイオマスが消失し，腐植の原料である脱落した根などのリター量が減少したこと，また畑地化によって微生物が活性化し，腐植の分解が促進されたことによると考えられており，腐植のもつ様々な機能（土壌粒子をつなぎとめる，団粒を作って水もちや水はけを改善することなど）が失われ，侵食に弱い土壌に変わっていった．また大型機械による土壌の圧密化は土壌の物理性をさらに悪化させ，表層土壌の多くが水食や風食によって失われた．北アメリカ大陸でも，同時代に同様の問題が発生しており，追い打ちをかけるように1930年代に発生した干ばつが土壌の大規模な風食を発生させた．これらは畑や町を飲み込んだ砂塵「ダストボウル」として世界恐慌後のアメリカにさらに暗い影を落とすことになった．

土壌腐植の減少は，土壌中に存在している炭素量の減少であり，多くは二酸化炭素として大気中へと拡散していく．つまり，気候変動を促進してしまう効果ももつ．その土地の環境に適応した自然植生に代えて作物を植えることは，私たちに生きる糧を与えてくれる一方，土地の生産力を奪い，さらに私たちの首を絞める行為であるともいえる．このような農業と環境のトレードオフを解消し，土壌の劣化を伴わない持続的な農業をいかにすれば構築できるか．チェルノゼムが私たちに問いかけている課題を解く時間は，あまり多く残されてはいない．

4-5　湿潤熱帯地域の土の特徴と持続的な農業

増永 二之

■ ■ ■

　ここでは，熱帯の中でも降雨量の多い湿潤熱帯地域の土壌の特徴と持続的な農業を行うための土壌管理について説明する．

◯ 湿潤熱帯地域の気候と土壌 (図1)

　熱帯地域では最も寒い月でも気温が18℃以上あるので植物生産は旺盛で土壌に供給される有機物は多い．しかし，湿地などを除いて土壌中で，① 有機物の分解が早いため，概して土壌中の有機物含量は少ない．そして，有機物中に含まれる養分は分解に伴って放出されてしまうため，養分の蓄積量も減少してしまう．次に降雨の影響について．雨水には大気中の二酸化炭素が溶けて水素イオン (H^+) を生じて酸性になっている．この雨水が土壌中に浸透して，② 土壌鉱物の風化を進めるとともに，③ 構成成分を洗脱させる．さらに，熱帯地域で降る雨は短時間にまとまった量が激しく降りつけるため，④ 表土の侵食を引き起こしやすい．この侵食は，雨粒が地表の土壌粒子を分散させ，多量の雨水は土壌に浸透しきれずに地表流を生じることで発生する．これら① ② ③ ④の現象の結果，湿潤熱帯地域

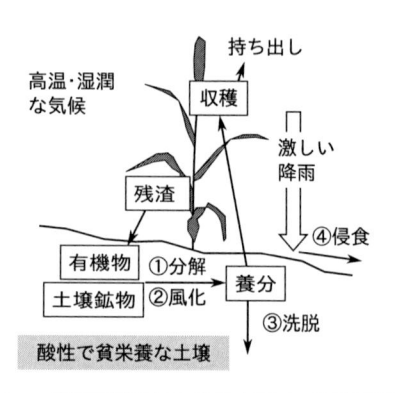

図1　湿潤熱帯地域の農地土壌での物質動態.

では有機物が少なく貧栄養で酸性な土壌が多い．また，ここでは詳述しないが風化と洗脱の激しい湿潤熱帯地域では，一般的に作物栽培で施用される窒素・リン・カリウム以外の硫黄やケイ酸その他微量要素の欠乏が生じる地域がある．作物栽培にはそれらの養分にも注意を払う必要がある．

　湿潤熱帯地域には，各地域の地形や地質的な特徴に応じて次のような土壌が主に分布する．地質的な年代が古い南米のギアナ高地やブラジル高原，西・中央アフリカでは，土壌は湿潤高温条件下で強い風化・洗脱作用を受けている．この結果，粘土鉱物は陽イオン交換容量の小さいカオリナイトや遊離酸化物が主体の肥沃度の低い強風化土壌（オキシソルやアルティソル）が分布している．また，いずれの地域でも土壌侵食により上流域から流されてきた土壌粒子が堆積する沖積地やデルタでは沖積土壌（インセプティソル）が分布し，ここは比較的肥沃度が高い．そして，山地や低地で侵食や土壌粒子堆積により母材が露出した場所では土壌生成の進んでいない若い土壌（エンティソル）が分布する．その他，中米のコスタリカや東南アジアのインドネシアでは，火山性堆積物に覆われる地域には比較的肥沃な火山灰土壌（アンディソル）が分布している．

○ 湿潤熱帯地域での持続的な農業と土壌管理

　まず基本的な概念として持続的に農業を続けるには，収穫により農地からもちさられる養分を補い肥沃度を維持することが必要である．しかし地域によっては，経済的な理由や資材へのアクセスの問題から十分な施肥をせずに農業を行っている農民も多い．これらの地域では，現地で入手できる植物資材や家畜ふんなどの有機物資材の活用が重要となる．肥沃度の維持に加えて，土壌侵食の防止も必須である．以下に，各地域で行われている土壌の肥沃度の維持と侵食防止のためのいくつかの土壌管理技術や農業システムについて紹介する．

・マルチ栽培 (mulch)：稲わらやトウモロコシ茎葉などの作物残渣や雑草刈草のような有機物で土壌表面を覆うことにより土壌侵食の防止をはかり，また土壌への有機物供給による土壌肥沃度の維持を期待できる．また，地表被覆による地温制御や雑草の生育抑制の効果ももつ．

・被覆植生栽培 (cover crop, living mulch)：マルチ栽培の一種である．クズやムクナ（八升豆）などのマメ科植物を樹木作物や食用バナナなどの間で栽培して，土壌侵食防止と土壌肥沃度維持，被覆による雑草抑制をはかる．ムクナは各部位に

雑草の生育抑制効果をもつ L–ドーパ (レボドーパ) を含むので除草の効果も期待される.

・不耕起栽培 (no-, zero-tillage)：欧米諸国で土壌侵食防止や適期播種，肥沃度維持を目的として発達した技術である．完全な不耕起ではなく，深さや面積を限定する耕起方法もある (minimum-, reduced-tillage).　南米においても普及しており，アフリカにおいては研究が行われてきている．土壌構造の改善効果もあり，作物の増収に寄与するとの報告もある．しかし，耕起をしないため雑草防除には除草剤の使用が必要となる．フィリピンで不耕起栽培と手除草を組み合わせた試験の結果，除草時に表土が撹乱されて侵食量が増加したという報告もある．実施には不耕起により得られる時間や金銭的利益と除草剤のコストを比較検討する必要がある.

・緑肥 (green manure)：窒素固定を行うマメ科のアカシアやギンネムのような木本植物のリター，マメ科やイネ科の各種草本植物を肥料として土壌にすきこむ．未分解の新鮮な有機物のため分解が早く，植物が利用できる可給態窒素の供給能が高い．その一方有機物を蓄積する効果は堆肥などと比べると小さい．緑肥の分解の過程で発生するカビなどの微生物や有機酸などが作物の発芽や幼植物に害作用を及ぼすことがあるので，緑肥の種類と作物の播種・移植の時期を考慮してすきこむ時期を選定する必要がある．先に説明した被覆植生を緑肥として利用することも多い.

以上は，小規模な圃場レベルから実践できる要素技術である．しかし，土壌侵食が生じやすい傾斜地ではこれらの技術だけでは持続的な土壌管理を行うことは

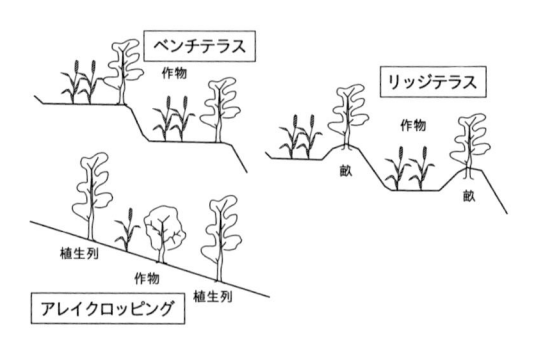

図 2　傾斜地での土壌侵食を防止する農業システム．

困難であり，これらの要素技術を含んだより高度な農業システムが必要である．次にそれらについて紹介する (図 2)．

・ベンチ/リッジテラス (bench/ridge terrace)：傾斜地において等高線に沿って，階段状に水平なテラスを整備して土壌侵食を防止して作物栽培を行う．リッジ (畝) テラス (テラスの端に畝を配置) は，インドネシア農業研究開発局のガイドラインにおいて傾斜が 30 % 以下の場所で土壌層が 40 cm 以下と浅い場所での適用が推奨されている．いずれもテラスの端にはギンネムやヤシなどの永年性植物を栽培してテラスを保全する．

・アレイクロッピング (alley cropping)：等高線に沿って数 m 間隔に永年性の木本植物を植える植生列を配置し，その列の間に作物を栽培する農法である．植生列の間を小道 (alley) になぞらえてこの名称でよばれている．インドネシアでは傾斜が 45 % 以上ではコーヒーなどの永年性作物を組み合わせるアレイクロッピングを推奨している．アフリカでも研究が進められ，種々の樹種と作物の組み合わせによる効果が検証されている．

・水田：低地だけでなくアジアではテラスと同様に傾斜地にも棚田が配置される．畦により水を湛水保持するので土壌侵食防止と灌漑水由来の養分供給機能をもつ．また，湛水による地温の制御と嫌気状態の形成により土壌有機物の分解が抑制されるため，土壌肥沃度が維持され連作が可能な持続的な農業システムである．集水域スケールでは，日本の里山のように低地に水田を配置して集約的・持続的な食料生産を行い，侵食を受けやすい山岳丘陵地は森林を維持する総合的な土地管理は有効なシステムである．

　上述の他にも世界各地には在地の土壌管理技術や農法が存在するが，科学的な効果の検証を行い，さらに適用には次のようなことを考慮する必要がある．土壌の肥沃度だけでなく農民の経済的な持続性についても考慮する必要がある．投資に対して作物生産による収入がプラスとなることは必須であるが，農民にとっては短期的な効果が重要である．例えばアレイクロッピングの植生列配置は作物栽培面積を減少させるので，短期的な生産量と収入の低下をもたらし，この理由で普及が進まない地域がある．そして，テラスや水田のように土木作業が必要な農法の場合，農民の相互扶助慣習の有無や土地所有と利用形態などの社会システムも重要な要因である．

コラム9 半乾燥熱帯の畑作地における窒素動態のヒミツ
——資源の時間的再分配による増産へのチャレンジ——

杉原 創

　半乾燥熱帯に特有の高い気温と断続的に降る激しい雨は，ドラスティックな物質循環を産み出す．ここでは，東アフリカはタンザニアにおける研究成果をもとに，作物収量を規定する窒素の1作期中の動態に着目し，その特徴や問題点を概説したうえで，土壌微生物を利用した食料増産への試みを紹介したい．

　半乾燥熱帯の畑作地における窒素動態の特徴——養分の供給時期と吸収時期の不一致——
　半乾燥熱帯の気候的特徴として，高い年平均気温と，特徴的な降雨パターンがあげられる．1年は明瞭な雨季と乾季に分かれ，基本的には雨季の到来に合わせて農業が営まれる．長く厳しい乾季に終わりを告げる，その年で最初の雨が降ると，農民は畑を耕し，タンザニアであれば主食であるトウモロコシの播種準備を開始する．
　乾季末には，前年度の栽培作物に由来する枯死根の添加や土壌動物のはたらきの結果，大量の易分解性有機物が土壌中に蓄積する．このため雨季初期は，有機物の分解・無機化に伴う養分供給量が高い時期といえる．しかし，この雨季初期に土壌から供給される養分が，作物に効果的に吸収されているか，というと，残念ながらそうではなく，この点が当地域における食糧生産上の大きな問題点となっている．
　この原因には，降雨強度の強さがあげられる．半乾燥熱帯において，雨は，日本のように長い時間シトシトと降るのではなく，短時間にドシャッと降る．そのため土壌中の窒素は一度の雨で系外へ容易に溶脱(すなわち損失)する．つまり，土壌から養分が最も供給される雨季初期は，窒素の溶脱危険度が最も高い時期でもあり，この時期に溶脱が頻発する結果，土壌からの養分供給量は生育中期以降に急激に低下することも発見されている．一方で，トウモロコシ(および他の主要穀物)の窒素吸収は，生育中期以降に急激に増加することが知られており，作物が最も養分を必要とする時期は生育中期以降となる．これらの事実は，土壌からの養分供給パターンと作物による養分吸収パターンが基本的には一致しない，という当地域が抱える重要な問題を示している(図1A 参照)．

　土壌微生物バイオマスを利用した窒素資源の時間的再分配——増産へのチャレンジ——
　上述した土壌からの養分供給パターンと作物による養分吸収パターンの時間的不一致を改善するにあたり，重要な役割を果たすと考えられるのが土壌微生物である．周知のとおり土壌微生物は，土壌有機物の分解と無機化を担う一方で，土壌微生物が保持する養分量(以下土壌微生物バイオマスと記す)自体が，養分の貯蔵源と供給源の役割を担っており，養分プールとして土壌生態系内で重要な機能を果たしている．この土壌微生物の養分貯蔵・供給機能を食料生産に利用できれば(具体的には生育初期に溶脱していた窒

素を土壌微生物に一時的に保持させることができれば),溶脱の抑制による窒素資源の時間的再分配が実現可能となる (図1B 参照). このアイデアをもとに,筆者は圃場試験を行い,播種を行う2週間前に作物残渣を施用し,土壌微生物バイオマスの農業利用を試みた.この結果,① 土壌微生物バイオマスは作物残差の施用後に増加し,② 従来であれば生育初期に溶脱していた窒素が土壌微生物に貯蔵でき,③ 生育後期に土壌微生物から作物に供給される窒素が増加し,④ 作物収量が約20％増加する,ことが確かめられた.

このことは,土の中で起きている"ヒミツ"を知り,活用すれば,資源の少ない熱帯であっても食料増産が可能になる,という好例である.次はどんなヒミツが明らかになるのか,今から楽しみである.

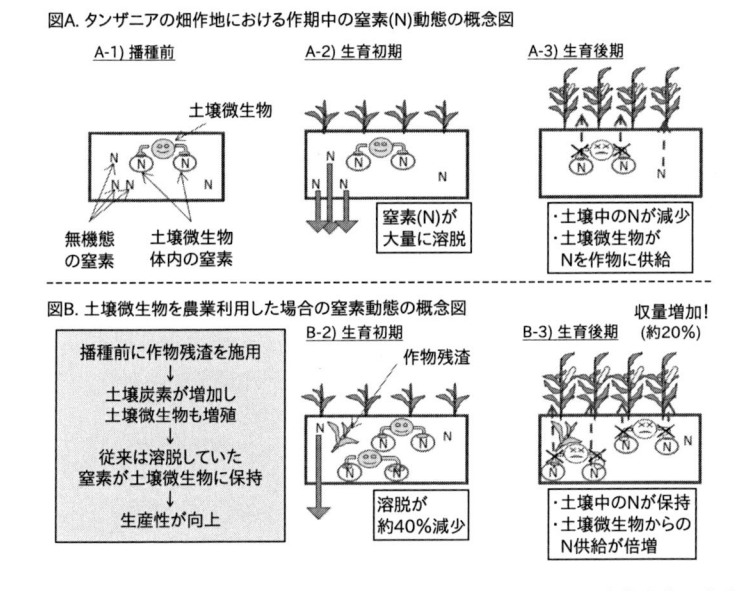

図1 タンザニアの畑作地における作期中の窒素動態 (A) と,土壌微生物の農業利用を目的に,播種前に作物残渣を施用した場合の窒素動態 (B) の概念図 (筆者の研究成果をもとに作成). 通常は,生育初期に土壌から窒素が大量に溶脱し (A-2),生育後期の土壌窒素の低下を招いていた.そこで,播種前に作物残渣を施用することにより,土壌微生物を一時的に増加させ,溶脱の減少 (B-2) と土壌微生物から作物への窒素供給量の増加 (B-3) が実現し,収量が増加した.

4-6　栄養不良な土壌でこそ頑張る植物がいる

大津　直子

■■■

　土壌中の栄養状態は植物の生育にとって必ずしも最適ではない．しかし植物は生育に有利にするために，不良土壌を改良するための様々な能力を有している．

　栄養が不足した土壌では，植物は栄養素を溶かしだすための物質を，根から根圏土壌に分泌する (表1)．例えばリンが不足すると，根から有機酸を分泌する．植物はリン酸としてリンを吸収するが，土壌中でリン酸は，リン酸鉄，リン酸カルシウム，リン酸アルミニウムなどの難溶性の塩を形成してしまう．これに対して植物は根から有機酸を分泌し，有機酸のカルボン酸陰イオン COO^- に，陽イオンである鉄イオン，カルシウムイオン，アルミニウムイオンなどを引きつけて，難溶性のリン酸塩からリン酸を溶かしだす．マメ科植物のハウチワマメは，リン欠乏にさらされると側根や根毛を増やしてブラシ状のクラスター根を形成するが，このクラスター根は有機酸分泌能力が高く，ハウチワマメはリン欠乏に強いことが知られている．根から分泌される有機酸はリンだけでなく，土壌中のカリウムも溶かしだす作用がある．また有機酸は，根の伸長を阻害するアルミニウムイオンをキレートして，無毒化することもできる．

　リン欠乏下では有機酸だけでなく，根からホスファターゼという酵素も分泌される．土壌中のリンの20～80％は，フィチン酸，糖リン酸，核酸，リン脂質など，有機態リンとして存在する．有機態のリンも鉄，カルシウム，アルミニウムなどとの難溶性の化合物を形成しており，まずは根から分泌された有機酸によってこれら陽イオンがはがされ，可溶化される．その後ホスファターゼが作用し，リン酸基を加水分解し，植物が利用可能なリン酸が取り出される．

　また，イネ科植物は鉄欠乏にさらされると，根から有機酸の一種である「ムギネ酸」を分泌する．土壌中で鉄は二価あるいは三価の陽イオンとして存在するが，三価鉄の溶解度はとても低い．土壌がアルカリ性になるほど三価鉄の溶解度はさらに低くなってしまう．イネ科植物の根が分泌するムギネ酸は，この三価鉄をキレートし，溶かしだすことができる．イネ科以外の植物はムギネ酸を分泌できな

いが，鉄欠乏下ではプロトン (H^+) を放出して根圏土壌の pH を下げ，三価鉄の溶解度を上げる．その他にもフェノール性化合物を分泌して鉄をキレートして溶解させたり，根の細胞膜上にある三価鉄還元酵素により，三価鉄をより溶解度の高い二価鉄に還元したりして，土壌中の鉄を植物が吸収可能な形に変えてゆく．

また植物の根端からは，ムシレージというゲル状の多糖質が分泌され，成長に伴い根端から根の基部までの表面を覆うことが知られている．ムシレージは粘性があるため，土壌粒子や微生物を取り込んで，根の表面に近接させる．ムシレージに土壌粒子や微生物がとりこまれたものはムシゲルとよばれている．ムシレージは根端の成長点を物理的障害から保護するほか，根圏の水分保持能力を高めたり，土壌粒子を根に近接させることにより養分供給を容易にしたりする機能があると考えられている．また根細胞への有害物質の流入を防ぐ機能もある．

分泌物だけでなく，イネなどの湛水状態で栽培される作物では，植物体に「通気組織」とよばれる細胞の隙間があり，ここを通って空気が地上部から根へと送られる．土壌は酸素が少なくなると還元的になり，マンガンや鉄などの溶解量が多くなり，植物にこれら元素の過剰障害を引き起こす原因となりうる．水田土壌の根圏では，植物の通気組織を通って酸素が供給されることにより，マンガンや鉄など過剰害が防がれているほか，酸素は根圏微生物の呼吸にも用いられている．

根からの作用は，土壌微生物にも影響を及ぼす．根圏土壌には，根から剥がれ落ちた細胞や根から浸出された糖，有機酸，アミノ酸が豊富であり，これらを餌として微生物が生息しているが，なかには他章で述べられているように，植物への養分供給を行う微生物もいる．養分が不足した土壌では植物側から，養分供給を行う微生物との共生を成立させるための誘因物質の分泌が強まる場合があることが知られている．

このように土壌環境が不良であっても，根を介して積極的に土壌に作用することができる植物は，生き抜くことができるのである．

表1 土壌の養分供給力向上，あるいは害作用を低減させる植物からの要素の例．

無機物質 (イオン)	酸素，プロトン (H^+) など
低分子有機化合物	糖，アミノ酸，有機酸，フェノール性化合物など
高分子有機化合物	酵素 (ホスファターゼ，三価鉄還元酵素など)，ムシレージなど

第5部

環境問題と土

5-1　温室効果ガスと土 ―温暖化に関する概説―

秋山　博子

温室効果ガスの発生源というと，工場や車などの化石燃料の燃焼を思い浮かべる人が多いだろう．あまり知られていないが，地球全体でみると農耕地土壌は温室効果ガスの主要な発生源のひとつである．一方で，農耕地土壌の管理方法の改善による土壌炭素蓄積量の増加は，地球温暖化の緩和策として大きなポテンシャルをもっている．土壌においては，土壌微生物のはたらきにより温室効果ガスが発生したり，吸収されたりしている．農業分野は比較的低コストで温室効果ガスの発生を削減できると期待されており，農耕地土壌への炭素蓄積量の増加および温室効果ガス発生削減技術の開発は重要な研究課題となっている．

○ 大気中の温室効果ガス濃度の増加とその要因

温室効果ガスには，よく知られている二酸化炭素 (CO_2) のほかにも，微量大気成分であるメタン (CH_4)，一酸化二窒素 (亜酸化窒素：N_2O) や，ハロカーボン類などの人工ガスがある．CO_2，CH_4 および N_2O はもともと自然界に存在しているガスであるが，仮に大気中に温室効果ガスが全く存在しない場合の地球の平均気温は -19 ℃ と推定され，適量の温室効果ガスは生物の生存のために重要である．しかし現在，人間活動による温室効果ガス濃度の急増が地球温暖化を引き起こしつつあることが懸念されている．世界の温室効果ガスの排出量は 1970 年か

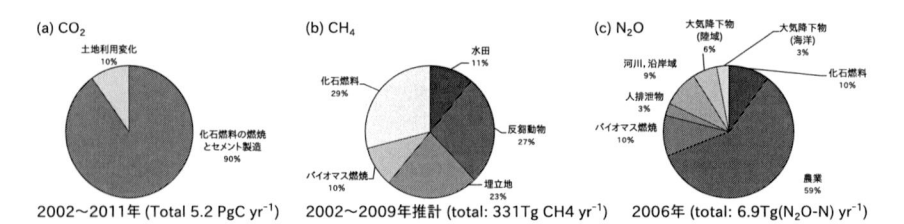

(a) CO_2　土地利用変化 10%／化石燃料の燃焼とセメント製造 90%
2002～2011年 (Total 5.2 PgC yr^{-1})

(b) CH_4　水田 11%／化石燃料 29%／反芻動物 27%／埋立地 23%／バイオマス燃焼 10%
2002～2009年推計 (total: 331Tg CH_4 yr^{-1})

(c) N_2O　大気降下物 (陸域) 6%／大気降下物 (海洋) 3%／河川，沿岸域 9%／化石燃料 10%／人排泄物 3%／バイオマス燃焼 10%／農業 59%
2006年 (total: 6.9Tg(N_2O-N) yr^{-1})

図1　地球全体の CO_2，CH_4 および N_2O の人為的発生源の内訳 (IPCC 第 5 次報告書[1]より作成)．

ら 2004 年の間に 70 ％増加した[1]．産業革命以降の各温室効果ガスの温室効果への寄与は，CO_2 が 63 ％，CH_4 が 18 ％，N_2O が 6 ％である．CH_4 および N_2O は，CO_2 のそれぞれ 25 倍および 298 倍の温室効果をもっているため，これらのガスの濃度増加は微量でも大きな影響をもつ．また，N_2O は成層圏オゾンの破壊物質でもあり，21 世紀において最大の成層圏オゾン破壊物質になると予測されている．

CO_2 の主な人為的発生源は化石燃料の燃焼であるが，土地利用の変化（森林の減少など）も重要である（図 1a）．CH_4 の主な人為的発生源は水田や反芻動物である（図 1b）．N_2O の主な人為的発生源のうち最大のものは農業（施肥土壌および家畜排泄物の処理過程（堆肥化など）における硝化および脱窒）であり，その他にバイオマス燃焼（森林火災や作物残さの燃焼），河川，沿岸域（人為的起源窒素の脱窒）などがある（図 1c）．

○ 土壌への炭素貯留による地球温暖化の緩和

地球上の土壌全体には約 1 兆 5000 億 t の炭素が存在すると推定されている．この炭素量は大気中 CO_2 の約 2 倍，陸上の植物バイオマスの約 3 倍に相当し，土壌は地球上で最大の炭素プールである．このため，土壌炭素のわずかな増減が大気中 CO_2 濃度に大きな影響を及ぼすと考えられている．農耕地土壌の管理方法の改善による土壌炭素の蓄積量の増加は，地球温暖化緩和策として大きなポテンシャルをもつと考えられており，研究が進められている．詳細は 5-2 およびコラム 10 を参照されたい．

○ 土壌における CH_4 の発生および吸収

水田や湿地などの酸素の少ない条件（嫌気的）にある土壌は CH_4 の発生源となっている．嫌気的な土壌中では，稲わらや植物遺体，根からの分泌物などの有機物を分解する過程において微生物のはたらきにより CH_4 が生成されている（6-4 参照）．

一方，草地や畑地などの好気的な土壌においては，微生物のはたらきにより CH_4 は酸化分解されて CO_2 となるため，土壌は CH_4 の吸収源となっている．CH_4 吸収源のうち，土壌は約 5 ％を占めると推定されている[1]．一般的に農耕地土壌のほうが森林土壌よりも CH_4 吸収能が低く，その原因は耕起や窒素施肥であると考えられている．

○ 水田からの CH_4 発生量の削減

上述のように，CH_4 は稲わらなどの有機物が嫌気的な状況で分解されることにより発生するため，水田からの CH_4 発生量に影響を及ぼす最も重要な要因は，水管理と有機物 (稲わらなど) の管理である．

現在の日本では，収穫後の稲わらはそのまま土壌にすきこまれるのが一般的である．この稲わらを持ち出せば CH_4 発生量も減ることになる．しかし，稲わらの全量持ち出しを毎年続けると土壌炭素量が減少してしまうという問題がある．一方，稲わらのすきこみ量は同じでも，稲わらを田植え前の春にすきこむよりも，秋の収穫後にすきこむことにより冬の間に稲わらの好気的な分解が進むために CH_4 の発生量を大幅に削減できる．稲わらすきこみ時期の改善により，世界の水田からの CH_4 発生量の 16 % が削減できると試算されている[2]．

また，なるべく酸化的 (酸素の多い条件) な水管理を行うことによっても CH_4 発生量を削減できる．日本では多くの地域で昔から慣行的に行われている「中干し」は，田植えから約 1 カ月後に一時的に湛水を中断する作業であり，増収効果があるとされている．しかしながら，世界には中干しを行わず常時湛水する地域も多くみられ，このような地域で中干しを導入することにより，世界の水田からの CH_4 発生量の 16 % が削減できると試算されている[2]．また，日本のなかでも中干し期間は地域により異なり，1～2 週間程度が一般的である．この中干し期間を慣行よりも 1 週間程度延長すると 18～72 % の CH_4 の発生量が削減されることが日本全国の水田での実証試験により明らかにされている[3]．

○ 農耕地土壌からの N_2O 発生とその削減

農耕地土壌は，地球全体の人為的な N_2O 発生量の約 40 % を占めると推定されている．施肥した窒素量の約 1 % が N_2O となって大気へ放出されており，施肥効率の点からはあまり問題にならないが，地球環境に与える影響は大きい．先進国においては化学窒素肥料の使用量の増加は頭打ちとなっているが，発展途上国においては今後も使用量が増加すると考えられている．世界的な化学肥料使用量の増大に伴い，農耕地土壌からの N_2O 発生量も増大すると考えられる．

土壌中においては，硝化および脱窒とよばれる微生物による 2 つの経路において N_2O が生成されている．これらの窒素循環にかかわる経路については 3-4 を参照されたい．

N_2O の発生削減技術として最もよく研究されてきたのは硝化抑制剤入り肥料および被覆肥料である．硝化抑制剤入り肥料とは，アンモニア態の肥料に硝化抑制剤を添加した肥料である．また被覆肥料とは肥料成分を樹脂などでコーティングすることにより肥料成分がゆっくりと溶出する肥料であり，いずれもすでに市販されている肥料である．筆者らが行った世界の圃場試験データの統計解析の結果によれば，硝化抑制剤入り肥料の平均的な N_2O 発生削減率は慣行肥料の 38 % であり，様々な環境の圃場試験においても比較的安定した削減効果がみられることが明らかになった．一方，被覆肥料の平均的な削減率は 35 % であるが，土壌の種類により削減効果が大きくばらつくことが明らかになった．

○お わ り に

　水田の中干しを延長して CH_4 発生量を削減すると，N_2O の発生量が増えてしまうというような「トレードオフ」といわれる問題がある．同様に CH_4 発生量を削減するためにわらの全量持ち出しを続けた場合には土壌炭素が減ってしまう．このため，個々の温室効果ガスの削減に注目するだけでなく，温室効果ガス発生量を全体として削減していく必要がある．

　農耕地 (耕地および草地) は世界の陸地面積の約 37 % を占めており，農耕地は地球全体の炭素循環および窒素循環に大きな影響を及ぼしている．増加しつづける世界人口を養う食糧を供給するため，農耕地土壌を持続的に利用しながら，さらに生産性を上げていく必要にせまられている．農業生産を維持・拡大しながら，農業から発生する温室効果ガスを削減していくことは大きな課題である．

文　　　献

1) IPCC (International Panel on Climate Change), Climate Change 2013 (2013). The Physical Science Basis. Fifth Assessment Report, Cambridge University Press.
2) Yan, X.Y. *et al.* (2009). Glob. *Biogeochem. Cycles*, doi:10.1029/2008GB003299.
3) Itoh, M. *et al.* (2011). *Agri. Ecosyst. Environ.*, **141**, 359-372.

5-2 土壌による炭素貯留
―農地管理による地力増進と温暖化緩和―

白戸 康人

■ ■ ■

　農家は，昔から，堆肥や緑肥などの有機物を土壌に施用し地力の維持・増進につとめてきた．土壌有機物は，多様な機能を発揮して土壌の物理性・化学性・生物性に大きな影響を及ぼす重要な構成要素であるが，それが農業生産にとって重要であることを，農家は経験的に知っていたのである．一方，近年，地球規模での炭素循環における土壌有機炭素の重要性が注目され，土壌炭素は地球温暖化の緩和にも役立つといわれている．なぜだろうか？

○土壌の炭素貯留のしくみと地球温暖化の緩和

　陸上の土地では，植物が光合成をして CO_2 を吸収し，その植物が土壌にすきこまれ，土壌中の微生物により分解されて二酸化炭素が大気に出る，というように，大気・植物・土壌の間で炭素 (C) の循環が行われている (図1)．農地の多くでは単年性の作物が栽培されるので，このうち「植生」部分に存在する炭素の量は長期的には変化しないと考えてよい (例えば森林では，この部分が長期的に増加する場合がある)．そのため，「土壌」中に有機物として存在する炭素量が増加するなら「大気」の CO_2 が減少し，あたかも農地が CO_2 を吸収したような勘定になる．これを土壌の炭素貯留とよぶ．逆に土壌炭素量が減少すると，農地は CO_2 を排出した勘定になる．

　土壌炭素量を増加させるためには，図1における土壌への炭素の入力 (黒い矢印) を増やすか，土壌炭素の分解 (白い矢印) を減らすかが必要であることがわかる．実際の現場では，土壌にすきこむ作物残渣・堆肥や緑肥などの有機物の量を増やしたり，不耕起栽培に切り替えて有機物の分解を遅くしたりするなどの管理が有効である．土壌炭素量は，土壌肥沃度のおおまかな指標となりうるため，多くの場合，土壌炭素を増やすような管理は，地力の維持・増進という観点からも重要であるということができる．つまり，土壌炭素を増やすことによる CO_2 の吸収，つまり温暖化の緩和と，地力の維持・増進による農地の生産力向上は，い

わゆる win-win の関係にあるといえる.

地球全体でみると,土壌中には約 2500 Pg (Pg =ペタグラム：10^{15} g) の炭素が存在するという見積もりがあり,これは大気 CO_2(760 Pg C) の約 3.3 倍,陸上の植物バイオマス (560 Pg C) の約 4.5 倍に相当するという試算がある (図 1).地球全体の土壌炭素量の推定値には幅があり,上記は一例にすぎないが,いずれにしろ土壌中の炭素量は地球全体でみると非常に多量であるため,そのわずかな増減が地球規模の炭素循環に大きく影響する.実際,先史時代から現在までに土壌有機物の減少で放出された炭素は人類が化石燃料の消費により放出した炭素量の 2 倍以上になるという試算もある.例えば,もともと森林や草原だった頃に土壌中に蓄えられていた炭素が,開墾されて畑になったために次第に分解して減少した場合などがこれに該当する.

このことは,逆に,適切な管理の下で劣化した土壌が修復されれば土壌に炭素を蓄積させることにより土壌を炭素の大きな吸収源とする可能性があることを意味する.もちろん,すべての農地を太古の昔のような自然植生に戻すことで先史時代の土壌炭素レベルを復元するのは非現実的ではあるが,その何分の一かでも大きなポテンシャルであり,現在の農地で農業生産を続けながらであっても,その管理方法を工夫することにより,土壌中の炭素を増加させることはある程度可能である.実際に,土壌炭素を増加させることで,地球全体の農地ではどの程度の大きさの炭素吸収による気候変動緩和の可能性があるか,様々な見積もりがされており,今後も,土壌炭素が増減するメカニズムを解明することにより,どのような管理方法をどの程度の規模で行うと土壌炭素がどの程度増えるのか,定量的に予測することが求められている.

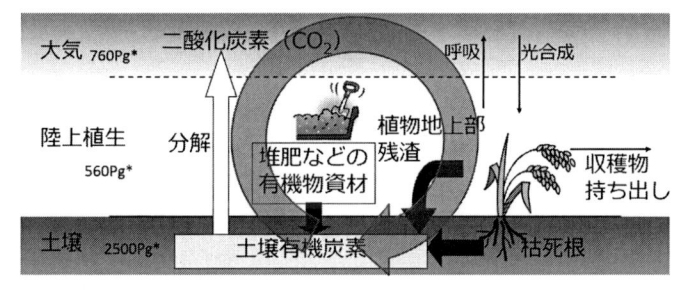

図 1　陸域における大気・植生・土壌の炭素循環の模式図. Pg = 10^{15} g.

○ 将来予測とモデル化

　土壌炭素の分解と蓄積は，気候，土壌，農地管理などいくつかの要因が複雑に関係するため，自分の圃場でどのような管理をすれば土壌炭素が増えるのか減るのか？を知るには，これらの重要な要因とそのメカニズムを取り込んだモデルが便利な道具となる．つまり，すべて実測しようとするのではなく，今までに圃場試験のデータなどから得られた結果から土壌中での有機物の集積・分解過程にかかわる主要な因子(例えば温度，水分，粘土含量，農法など)についての法則を導き出して一般化し，数式として取り入れたモデルを構築し，それを活用することによって未知の場所における土壌炭素の蓄積量を予測するのである．

　世界では多数の土壌炭素動態モデルが提案されており，様々に活用されている．しかし，モデルのほとんどは欧米諸国で開発されたもので，高緯度の温帯地域にその適用例が偏っており，熱帯地域や，日本を含むアジアにおいて十分に妥当性が検証されているモデルは存在しなかった．欧米とは気象条件が異なり水田や黒ボク土など欧米とは異なる土壌が重要な日本やアジアにおいて精度よく適用できるモデルが求められていた．そこで，主要なモデルの中でも簡便で高性能な英国で開発されたローザムステッド・カーボン・モデル(Rothamsted Carbon Model: RothC)について，日本のデータを使ってモデルを検証・改良するという研究が行われきた．その結果，日本の農耕地の半分を占める水田土壌と，畑の半分を占める黒ボク土壌では，モデルの改良が必要であることや，黒ボク土以外の畑土壌では改良なしで使えることが明らかとなった．水田土壌では湛水条件になるために有機物の分解が遅いこと，黒ボク土については火山灰由来の活性アルミニウムにより腐植が安定であることなど，有機物の分解蓄積メカニズムについての既存の知見をもとにモデルを改良し，現行のモデルを大きく上回る精度を得ることができた．このようにモデルを現実のデータで検証し，必要に応じて改良することによって，予測結果の信頼性が大きく向上し，人間が土壌管理を変えた場合や，将来，気候が変化した場合に土壌炭素の蓄積量がどう変化するか，精度よく予測することが可能になる(図2)．今後も，現場での観測(モニタリング)と，それに基づくメカニズムの解明およびその一般化(モデル化)の連携による研究がより一層重要になるだろう．

○ 他の温室効果ガスも含めた総合評価

　土壌炭素が増減するメカニズムを理解し，ある管理技術の効果を定量的に予測できたとしても，その技術を導入する前に，注意すべきことがある．例えば，「堆肥の施用」を例にとると，土壌の炭素が増加するとしても，他の温室効果ガスが増えたり，他の環境負荷が増えたりしてはいけない．また，堆肥の製造や運搬，散布などに土壌への炭素蓄積効果以上の CO_2 排出があっては意味がない．そこで，LCA (Life Cycle Assessment) とよばれる評価方法により，「全体としてどうなのか」を評価することが有効になる．

　LCA とは，物質やエネルギーの流れの全体を把握して，環境負荷や環境影響を総合的に評価することである．工業分野ではこの手法が進んでおり，製品の環境負荷を評価し，環境影響の少ない製品であることをアピールし，競争力を高めるためなどに実際に使われている．農業分野でもこの手法への期待が高まっているが，評価の例は，まだ少数である．例えば，北海道の十勝の事例では，耕起や施肥などの農法を変えた場合の土壌炭素の増減と農作業による機械からの CO_2 排出などを総合的に評価し，トラクタ作業や収穫物の乾燥など圃場外の化石燃料の燃焼に由来する CO_2 排出量は土壌炭素の分解によって発生する CO_2 に比べてはるかに小さいとの結果が出ている．今後は，このような解析の事例を増やすことにより，「全体としてどうなのか」を知ったうえで営農管理方法を選択することができるようになることが望まれる．土壌学への期待は大きい．

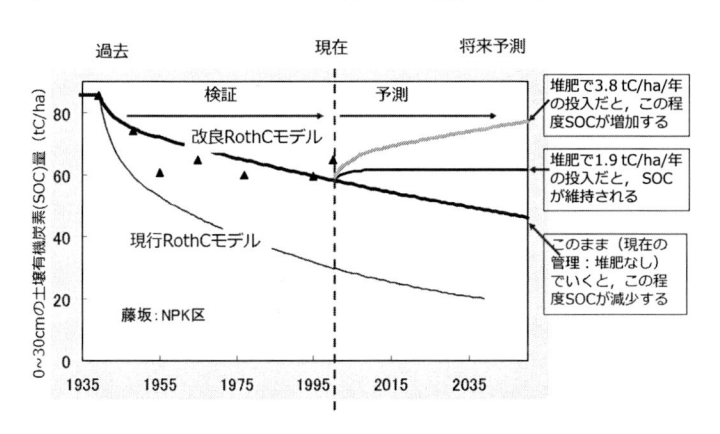

図 2　黒ボク土における RothC モデルの検証・改良および将来予測の例．過去～現在の検証により，将来予測の信頼性が確保される．

コラム10　水田は地球温暖化を防ぐのか？
―水田の土壌炭素貯留―

田中　治夫

温室効果ガス量削減の一つの切り札として土壌への炭素貯留がある．水田は畑に比べて，土壌の炭素貯留量が多いといわれるが，それはなぜなのだろうか．また，それは地球温暖化の緩和に役立つのであろうか．

土壌炭素貯留量を決める要因

土壌の炭素貯留量は，植物遺体などの土壌への有機物投入量と土壌動物や土壌微生物などの土壌生物による有機物分解量との差し引きによって決まる．

一般に，土壌生物による有機物の分解は，① 土壌の pH が中性に近いこと，② 水分が十分にあり土壌生物の活動が活発であること，③ 土壌の全孔隙の 60 % 程度が水に満たされている一方で，40 % 程度は孔隙が残っていて，通気が十分に行われ，酸素が十分に供給されること，④ 温度が 25～35 ℃ で土壌生物の活動が活発であることなどがあげられる．

図1は，水田状態および畑状態で，土壌の有機物蓄積量が温度によってどのように変わるかを示した模式図である．

植物による有機物の合成量は，水田状態でも畑状態でも，温度が高くなるにしたがって合成量が多くなり，25～30 ℃ で最大となり，それ以上温度が上がると有機物合成量は急激に減少する．一方，生物による有機物の分解量も温度が高くなるにしたがって増えるが，35 ℃ あたりで最大になり，それ以上温度が上がると分解量は減少する．水田でも

A:植物による有機物の合成量
B:有機物の分解量
B1:水田状態での有機物の分解量
B2:畑状態での有機物の分解量

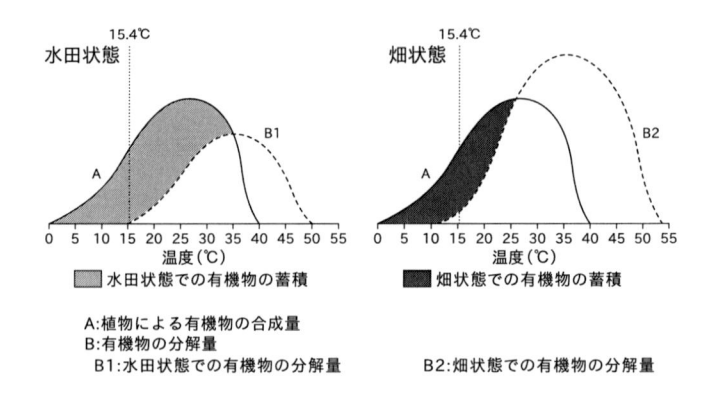

図1　温度と水分条件の違いが，土壌有機物の蓄積に及ぼす影響 (Mohr and Baren (1954) を改変).

畑でも温度に対しては同じような反応を示すが，水田状態では通気が悪く酸素が十分に供給されないため，畑状態よりも有機物の分解は抑制される．線を引いた部分が有機物の蓄積を示すが，水田状態では畑状態よりも分解量が少ないため，蓄積量は多くなる．

東京の 1981〜2010 年の年平均気温は 15.4 ℃で，その温度で線を引いてある．なお，東京の 8 月の平均気温は 26.4 ℃で，2 月の平均気温は 5.7 ℃である．

水田土壌は畑土壌よりも炭素を貯留する

実際に水田の炭素貯留量は畑の炭素貯留よりも多いのであろうか．

畑土壌の炭素量の推移を予測するローザムステッド・カーボン (RothC) モデルを白戸らが水田用に改良したとき，各有機物コンパートメントの分解率を湛水期間は 0.2 倍に，それ以外の期間は 0.6 倍に抑えることにより，モデルの精度を上げることに成功した．これは，モデルの実証から，水田では有機物の分解が抑制されることを定量的に明らかにした例である．

また，農林水産省が主体となり行った 1999〜2003 年の土壌機能モニタリング調査のデータを用いて，同じ土壌型の水田と普通畑の全炭素平均値を比較してみる．黒ボク土では水田で 53.4 g/kg，普通畑で 51.0 g/kg であり，黄色土では水田で 23.6 g/kg，普通畑で 19.0 g/kg であった．また，灰色低地土では水田で 22.8 g/kg，普通畑で 16.8 g/kg であった．いずれの土壌でも水田の炭素貯留量は普通畑の炭素貯留量より多くなっていた．

このように，水田土壌は畑土壌よりも炭素を多く貯留するので，水田の維持と適切な管理は地球温暖化の緩和に寄与するといえるであろう．ただし，炭素が貯まると窒素も貯まり，窒素が効きすぎてイネが倒れてしまうことや，水田からのメタンや一酸化二窒素などの温室効果ガスの発生増加にも留意する必要がある．

コラム 11　水田からのメタン放出抑制技術

利谷 翔平

　日本の原風景でもある水田は，強力な温室効果ガスであるメタンおよび一酸化二窒素の発生源である．特に，水田はメタンの主要な発生源であるため削減が急務である．最もよく研究されているメタン削減技術は，水田の水管理である．水田は，水が常に張っていると思われる方もいるかもしれない．しかし，実際の水田では栽培中に水を抜く「落水」とよばれる作業が行われる．日本では，中干し，間断灌漑および最終落水とよばれる作業がこれに当たる．水が張っている水田では，大気の土壌中への侵入が表面水により遮断される．したがって，土壌中では分子状酸素がほとんど存在しない．しかし，落水により水田を乾燥させると，大気中の酸素が土壌に拡散し酸化的になる．メタンを生成する微生物 (メタン生成アーキア) は，酸素のない条件下でのみメタンを生成可能である．したがって，落水によりメタン生成アーキアが不活発となり，メタン生成が抑制される．

落水とメタン，一酸化二窒素の関係

　一方，落水により土壌を酸化的にすることで，もうひとつの温室効果ガスである一酸化二窒素が発生する．一酸化二窒素は，水田土壌中に存在する窒素 (水田では主にアンモニウムイオンで存在) が，硝化および脱窒作用とよばれる微生物反応を経て生成する．落水はメタン放出を抑制する一方，一酸化二窒素の放出を増加させることから，トレードオフ (一方を立てると他方が立たない，二律背反) の関係にあるといわれている．特に，窒素肥料が与えられ，土壌窒素が豊富に存在する状態で落水を行うと，多量の一酸化二窒素が生成・放出される．

　このトレードオフはどのようにすれば解消できるのだろう？　メタンは酸素のない条件下で，一酸化二窒素は酸化的な条件下でそれぞれ生成する．したがって，両ガスの生成しない土壌環境を創出することが重要である．メタンおよび一酸化二窒素の放出と土壌環境の関係を調べるうえで，「酸化還元電位」という指標が用いられている．これは，電位 (mV) の単位で表され，土壌中においてどのような酸化還元反応が進行しているかの指標となる．一般的に，メタンは -150 mV 以下，一酸化二窒素は $+200$ mV 以上で生成する．そのため，これらの酸化還元電位を回避するよう灌漑と落水を行い，水位を制御することで，理論的には同時にこれらのガス発生を抑制できる．しかし，実際は土壌の不均一性や降雨による水管理の妨害などにより細かな水位制御ができないため難しい．

トレードオフなしにメタンを削減する技術の例

　筆者らは，水を張った水田に牛尿由来の液肥 (メタンと一酸化二窒素の原料となる有機物や窒素を豊富に含有) を栽培中に施肥した際，多量のメタン発生を観測した．さら

コラム 11 水田からのメタン放出抑制技術

に，施肥後に落水を行うと，メタン発生は抑制されたが一酸化二窒素が多量に放出された (図 1a)．そこで，液肥を施肥した際に一酸化二窒素放出を増加させることなくメタン放出を抑制する手法として，「施肥前落水」という手法を提案した (図 1b)．本手法では，施肥前に 1〜2 週間，水田を落水し土壌を乾燥させた後，灌漑・施肥を行う．落水中に土壌中のメタン生成アーキアが酸素に触れ不活性化し，施肥を行ったとしてもメタンの生成が抑制される．さらに，施肥後は湛水を維持しているため一酸化二窒素の生成も抑制される．本手法を適用したところ，メタン生成アーキアの増殖抑制を確認し，施肥後の湛水状態におけるメタン放出を抑制できた．さらに，湛水しているため一酸化二窒素の放出もみられず，トレードオフなしにメタン放出を抑制することができた．

以上のように，土壌環境を新しい手法で管理することで，メタンおよび一酸化二窒素のトレードオフ関係を制御できることが示された．今後，持続可能な農業を発展させていくうえでは，伝統的な栽培管理手法に加え，土壌環境を如何に制御するかが重要と考えられる．

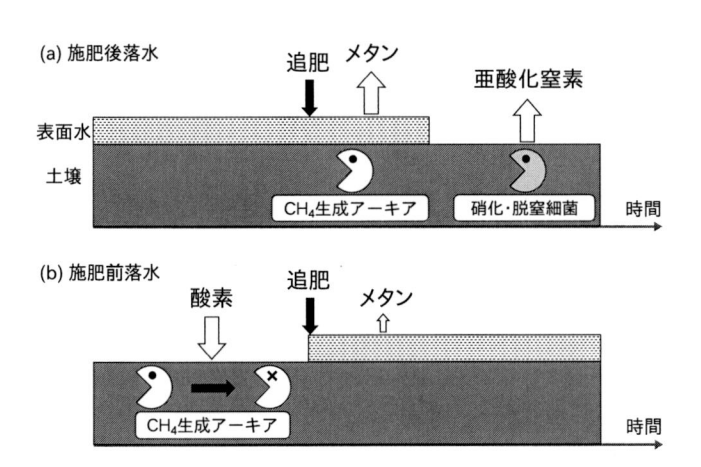

図 1 (a) 施肥後落水および (b) 施肥前落水において水田で起こる現象の模式図．施肥後落水では湛水 (メタン生成アーキアが活発な状態) で液肥が施肥されるため，施肥後にメタンが発生．さらに，落水を行うとメタン放出は抑制されるが，亜酸化窒素が発生する．一方，施肥前に落水を行うことでメタン生成アーキアが酸素により不活性化するため，湛水・追肥後のメタン生成が抑制される．それに加えて，湛水を維持できるため亜酸化窒素も発生しない．

5-3 土壌に窒素が供給されると大気中の二酸化炭素が減少する？

沢田 こずえ・豊田 剛己

　大気中の二酸化炭素濃度は，産業革命頃の 280 ppm から今日までに約 100 ppm 上昇し，今世紀の終わりには 540〜970 ppm になる．大気二酸化炭素濃度の上昇は，地球温暖化の原因になると同時に，それ自体が植物の光合成に影響する．つまり植物は，二酸化炭素濃度が高いほど光合成によって二酸化炭素をより多く吸収し成長する．これを二酸化炭素施肥効果とよぶ．この効果によって，大気二酸化炭素濃度の上昇が抑制されることが期待されている．しかし，植物が成長するためには，土壌中から養分，特に無機態窒素を吸収する必要がある．窒素は，タンパク質の構成元素として，生物にとって必要量が多い．そのため，二酸化炭素施肥効果による植物の成長量は，土壌中の無機態窒素量が不足すると低下する．

　大気中の二酸化炭素濃度の上昇によって植物の光合成が促進されると，落葉落枝や根からの滲出物などの植物由来有機物が土壌へより多く供給されるようになる．土壌への有機物供給量が増加すると，土壌の炭素蓄積量は増加するだろうか？ 実はそうとは限らない．土壌へ有機物を供給すると，土壌炭素蓄積量はむしろ減少したという報告もある．その理由としてプライミング効果が考えられる．プライミング効果とは，土壌微生物が植物由来有機物を食べて活発になり，土壌にもともと蓄積していた有機物まで分解し，二酸化炭素として放出してしまうことをいう．ところで，植物由来有機物は，土壌微生物や土壌有機物に比べて炭素が多く窒素が少ない．例えば落葉の炭素/窒素比は平均して約 44 であるのに対して，土壌微生物では約 9，土壌有機物では約 14 である．炭素/窒素比の低い土壌微生物は，炭素/窒素比の高い植物由来有機物を食べると炭素に対して窒素が不足する．このとき，微生物は土壌有機物中の窒素で不足分を補おうと土壌有機物をさらに分解する．つまり，プライミング効果が大きくなる．地球上の土壌有機態炭素は，大気中炭素の 2 倍以上，植物体炭素の 3 倍以上に相当するため，プライミング効果によって土壌有機物の分解が進むと，大気中の二酸化炭素濃度がますます上昇するという正のフィードバックがはたらく可能性もある (図 1(a))．以上から，大気二酸化

炭素濃度の上昇によって陸域生態系への炭素蓄積量が必ずしも増加するわけではないこと，また陸域生態系での炭素循環には窒素が大きく関与することがわかる．

近年，化石燃料の燃焼や工業的なアンモニア合成などの影響により，大気中の窒素化合物濃度が増加している．窒素化合物は，雨に溶けるなどして土壌へ供給される．土壌への窒素供給は，平均して1890年頃の5倍近くになり，二酸化炭素施肥効果と相まって植物の成長を促している．また，土壌への窒素供給は，プライミング効果を抑制し土壌からの二酸化炭素放出量を減少させる．以上から，土壌への窒素供給によって，大気二酸化炭素濃度の上昇が抑制される負のフィードバックがはたらくと考えられる(図1(b))．しかし，土壌への窒素供給量の分布は一様ではなく都市圏近郊でより高くなっている．窒素供給量が増加する生態系では，土壌の酸性化が進行するなどし(土壌の酸性化については5-10参照)，植物の枯死が起こる場合もある．そうなると，植物による二酸化炭素吸収量が減少し，その生態系からの二酸化炭素放出量は増加する．また，大気二酸化炭素濃度の上昇や土壌への窒素供給量の増加に伴う陸域生態系での炭素循環の変動は，植生や土壌など生態系の特性ごとにきわめて多様で簡単には一般化できない．例えば，窒素よりもリンが相対的に不足する熱帯林では，土壌へ窒素供給量が増加しても生態系の炭素蓄積量が増加しない場合もある．以上より，様々な生態系において，より深いメカニズムの理解が今後ますます必要とされている．

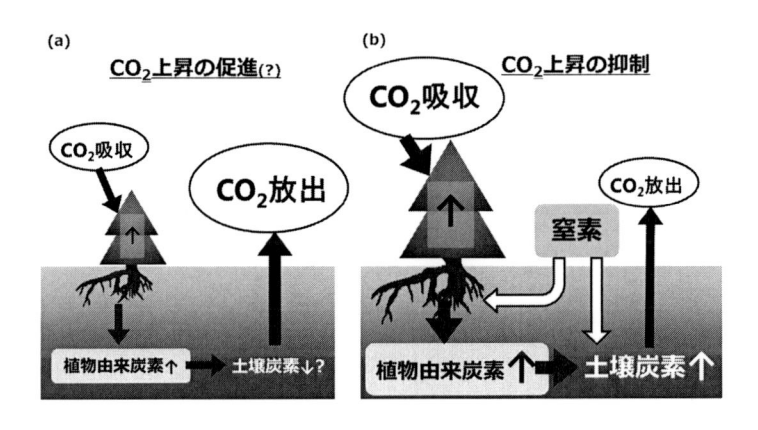

図1 大気CO_2濃度の上昇に伴う陸域炭素循環の変動．(a) 土壌への窒素供給がない場合．(b) 土壌への窒素供給がある場合．

5-4 土から放射性セシウムを取り出せないのはなぜ？

山口 紀子

■ ■ ■

　放射性セシウム (Cs) は，いったん土の中に入ってしまうと，土から取り出すことが難しい．2011 年の原発事故由来のものだけでなく，50 年以上前の大気圏核実験に由来する放射性 Cs も，いまだに土の中に残っている．土を壊すことなく，放射性 Cs を土から取り出すことが難しいのはなぜだろうか．

○ 粘土鉱物へのセシウムイオンの吸着

　セシウムイオン (Cs^+)，ナトリウムイオン (Na^+)，カルシウムイオン (Ca^{2+})，マグネシウムイオン (Mg^{2+}) のようなプラスの電荷をもつ陽イオンは，土の中でマイナスの電荷が発現している部分に吸着する．マイナスの電荷をもっている主要成分は粘土鉱物と有機物である．このうち，有機物のもつマイナスの電荷は，放射性 Cs^+ をつよく吸着する能力はほとんどない．

　土の中には構造や特徴の異なる様々な粘土鉱物が存在するが，放射性セシウムを吸着する能力が高いのは，2：1 型層状ケイ酸塩とよばれる種類の粘土鉱物である．水に溶けた Cs^+ はイオン交換反応により，2：1 型層状ケイ酸塩の層間に吸着する (3-2 参照)．

　層間への吸着されやすさは，陽イオンの種類や濃度によって異なる．一価の陽イオンよりもプラスの電荷の多い 2 価の陽イオンの方が，また，高濃度に存在する陽イオンの方が層間に選択的に吸着されやすい．このため粘土鉱物の層間に吸着した Cs^+ は，Ca^{2+} など他の陽イオンとのイオン交換により，再び水に戻ってしまうはずである．しかしこのような現象は，Na^+ や Ca^{2+} イオン濃度と同等の濃度になるよう土に人為的に Cs^+ を添加した場合にしか起こらない．放射性 Cs に汚染された土では，大量に Na^+ や Ca^{2+} を加えて強制的にイオン交換反応をおこそうとしても，放射性 Cs^+ を取り出すことができない．なぜ土から放射性 Cs を取り出すことができないのだろうか．

○ セシウムイオンの特徴

　水溶性の塩が水に溶けると，陽イオンと陰イオンに分かれ，イオンのもつ電場には水分子が引き付けられる．イオンに拘束された水分子を水和水，水和水をもつイオンを水和イオンとよぶ．Na^+，Ca^{2+} のような土の中で存在量の多い陽イオンの多くは，水和水を拘束する力が強く，水和イオンとして水分子とともに行動する．水和イオンは，周囲を水分子に囲まれている分，占有する体積が大きい．一方，Cs^+ は水和水を強く束縛していないため，水和水は簡単に離れてしまう．Cs^+ と同様，K^+，NH_4^+，ルビジウムイオン (Rb^+) も水和水を保持する力が弱い．これらのイオンは水和水を失うことにより，2：1型層状ケイ酸塩の層間に構造上存在する空洞にぴったりはまる大きさになる．

○ 放射性セシウムを優先的に吸着するフレイド・エッジ・サイト

　2：1型層状ケイ酸塩の一種に，雲母とよばれる鉱物がある．層間に面した四面体シート部分には，直径 0.26 nm の空洞がある．空洞の大きさは，K^+ の大きさに近く，雲母の層間は，空洞にちょうどはまりこむ K^+ によって占有されている．シートのもつマイナス電荷が大きい雲母では，K^+ が接着材となり，層間が閉じる．このため雲母の層間の K^+ は，他の陽イオンと入れ替わることができず，イオン交換反応は起こらない．ところが，貼り合わせた紙の端や破れた部分がめくれあがるように，雲母のシートどうしが離れ，接着力が弱まると，K^+ が Ca^{2+} や Mg^{2+} のような水和イオンとイオン交換反応により入れ替わり，層間が広がる．K^+ が存在し層間が開かない領域と，水和イオンにより押し広げられ，層間が開くことのできる領域の境目にあたる部分は，フレイド・エッジ・サイト (Frayed edge site：FES) とよばれる．FES は層間の一部であり，イオン交換反応が可能である．しかし，空間的制約からイオン交換反応により吸着できるイオンは，水和水を失い，空洞の大きさにイオンサイズの近い Cs^+，NH_4^+ Rb^+ に限られる．

　FES は，バーミキュライトやイライトなど雲母が風化した粘土鉱物の一部に存在するだけで，土の中のマイナスの電荷の1％にも満たない場合が多い．それにもかかわらず，土に沈着した放射性 Cs の大部分が土にとどまるのは，放射性 Cs と比較して十分な量の FES が存在するからである．放射性物質の量を示すとき，放射能を示すベクレル (Bq) という単位を使う．1 Bq は，放射性物質が1秒間に平均1回崩壊して放射線をだす量に相当する．重さの単位に換算すると，セシウ

ム137 (^{137}Cs) では，10000 Bq が約3 ng に相当するにすぎない．高濃度の放射性 Cs で汚染された放射線量の高い土であっても，放射性 Cs の重さは，非常にわずかなのである．物質量としてはわずかにしか存在しない放射性 Cs^+ からみれば，土の中には十分な量の FES が存在しているといえる．

　放射性 Cs^+ あるいは K^+ が層間を閉じる接着剤として機能し，層間に他の陽イオンがアクセスできない状態になると，放射性 Cs^+ を容易に取り出すことができなくなる．このような現象は固定とよばれる．放射性 Cs^+ の固定が起こるのには時間がかかるが，乾燥と湿潤の繰り返しによって促進される．FES に吸着されたとしても，固定されなければ放射性 Cs^+ は肥料成分でもある K^+ や NH_4^+ によってイオン交換可能である．また，2：1型層状ケイ酸塩の一種でスメクタイトとよばれる FES をもたない粘土鉱物に吸着された放射性 Cs^+ も，イオン交換可能である．これらイオン交換可能な放射性 Cs^+ も，イオン交換を繰り返すうちに，いちばん収まりのよい FES に集まり，大部分は固定されると考えられる．

○土の中にはどのぐらいフレイド・エッジ・サイトが存在するか

　土がどの程度，陽イオンを保持できるマイナスの電荷をもっているかは，電荷をすべて中和するために必要な陽イオン (例えば NH_4^+) の量を測定することによって評価できる．これを陽イオン交換容量 (Cation Exchangeable Capacity：CEC) とよぶ．どんなに高濃度の放射性 Cs で汚染された土であっても，CEC を占有するほど大量に放射性 Cs^+ が存在することはまれである．また，放射性 Cs^+ は，マイナスの電荷に無作為に吸着するのではなく，選択性の高い FES に優先的に吸着する．土がどの程度放射性 Cs を固定する能力があるのかを評価するために，CEC は適切な指標ではない．そこで考案されたのが，放射性 Cs 捕捉ポテンシャル (Radiocesium Interception Potential：RIP) という指標である．RIP は，$^{137}Cs^+$ が FES に存在する K^+ を追い出して吸着する能力 (K^+ に対する $^{137}Cs^+$ の選択係数) と FES の量の積として定義される．K^+ に対して $^{137}Cs^+$ が選択的に吸着しやすいほど，また FES の量が多いほど RIP が大きい．現在よく用いられている方法では，水和イオンとして存在する Ca^{2+} が，空間的制約から FES に吸着できないことを利用し，土の中の FES 以外のマイナス電荷が Ca^{2+} で，FES が K^+ で占有された状態をつくりだす．次に微量の $^{137}Cs^+$ を添加し，FES 以外のマイナス電荷が Ca^{2+} でマスクされたままの状態で，FES のみで K^+

と ^{137}Cs$^+$ のイオン交換反応が起こるようにする．そして FES の K$^+$ と入れ替わることができた ^{137}Cs$^+$ の割合を測定する．バーミキュライトやイライトを含む土では RIP が高く，有機物含量の多い土ほど RIP が低い傾向がある．

ほとんどの土では放射性 Cs$^+$ の大部分は FES に固定されるため，一度土に吸着してしまえば，再び水に溶け出す割合はごくわずかである．この性質が，植物による放射性 Cs$^+$ 吸収量を低く抑えている一方，除染を困難なものとしている．一方，すべての放射性 Cs$^+$ が土に固定されるわけではない．土の中に含まれる放射性 Cs$^+$ の濃度が高ければ，溶け出す割合は低くても量は無視できない．固定されない放射性 Cs$^+$ は，FES に交換態のまま残っているのか，FES 以外の未知の吸着部位が存在するのか，その詳細はまだ明らかになっていない．

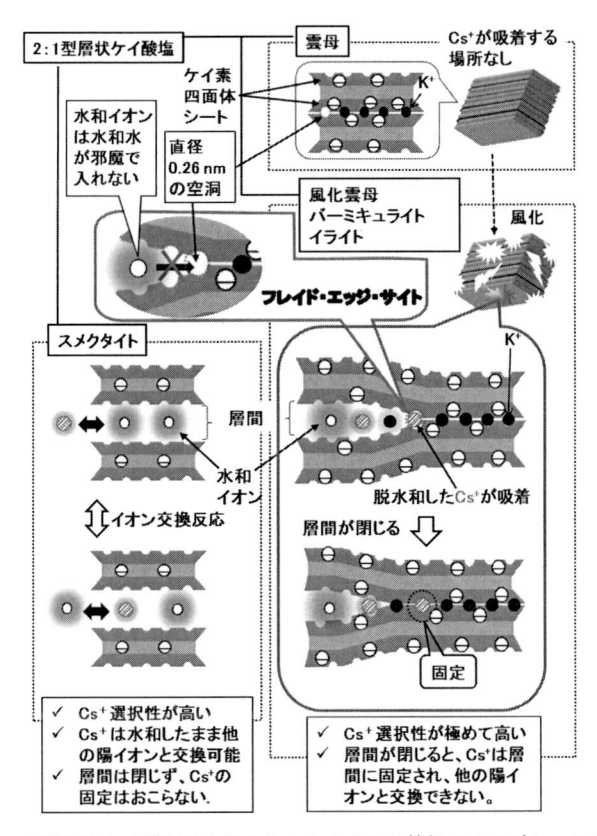

図1 2：1型層状ケイ酸塩によるセシウムイオンの捕捉メカニズム．(口絵参照)

5-5 セシウムの作物への移行を制御する土壌因子

武田 晃

∎ ∎ ∎

　2011年の東京電力福島第一原子力発電所(福島第一原発)の事故により放出された放射性セシウム(Cs)は,広い範囲にわたって土壌に沈着した.放射性Cs濃度が同じ程度の土壌であっても,栽培される作物の放射性Cs濃度が大きく異なることがあるのはなぜだろうか？

◯ 土壌中の放射性セシウム

　土壌には放射性Csだけでなく様々な放射性核種が含まれる.例えば,^{238}Uを親とするウラン系列核種,^{232}Thを親とするトリウム系列核種および^{40}Kなどは,地球の誕生時から存在している天然放射性核種である.放射性Csは,大気圏核実験や原子力発電所事故などによって環境中に存在する代表的な人工放射性核種である.大気圏核実験は1950〜60年代に盛んに行われ,北半球全体に放射性降下物が沈着した.1963年をピークに降下量は減少したが,大気圏核実験に由来する^{137}Csは現在でも表層土壌に残っており,原発事故の影響のない地域の土壌にも存在している.

◯ 土壌-作物間移行係数

　作物に放射性Csが取り込まれる経路は,葉や樹皮などに付着してから吸収される「葉面吸収」と,土壌から根を通して吸収される「経根吸収」の2つがある.事故直後など,大気中の放射性Cs濃度が高い時期には葉面吸収の寄与が高いが,大気中濃度が減少した後は経根吸収が主要な経路となる.
　土壌中の放射性物質が作物に移行する程度の指標として,移行係数が広く用いられている.移行係数は以下のように,土壌と作物における放射性Cs濃度の比として表される.

$$移行係数 = \frac{作物中放射性 Cs 濃度 (Bq/kg)}{土壌中放射性 Cs 濃度 (Bq/kg)}$$

移行係数は，圃場から採取した試料に含まれる放射性 Cs の分析や，栽培実験などから得られた経験的な値である．この値を用いて，農地土壌の放射性 Cs 濃度から，そこで栽培される作物の放射性 Cs 濃度の目安を知ることができる．しかし，報告されている移行係数は同じ作物種であっても大きな変動幅がある．例えば，日本各地の水田において，大気圏核実験由来の放射性 Cs の分析から求めた玄米への移行係数は概ね 0.0005〜0.03 の範囲にある．

福島第一原発事故が起きた 2011 年には，収穫される玄米の放射性 Cs 濃度が当時の暫定基準値 500 Bq/kg を超えないようにするための措置として，土壌中の放射性 Cs 濃度が 5000 Bq/kg を超える水田で作付けが制限された．これは，予想される最大の移行係数を 0.1 としたことが根拠になっている．

◯ 移行係数に影響する要因

植物根は土壌溶液に溶存している Cs^+ を吸収する．そのため，放射性 Cs の移行係数には，「土壌–土壌溶液間の分配」と，「土壌溶液から植物根への吸収」の 2 つの過程が影響する．

土壌の放射性 Cs のうち土壌溶液に溶け出しやすい状態のものはごくわずかであるが，その程度は土壌の性質によって異なる．RIP (5-4 参照) の低い土壌は，放射性 Cs が土壌溶液に溶出しやすく，移行係数が比較的高くなりやすい．また，放射性 Cs の粘土鉱物への固定は時間経過とともに進行することから，同じ土壌でも，沈着直後では移行係数が比較的高く，時間の経過とともに徐々に低下する傾向がある．

植物根による放射性 Cs の吸収は，土壌溶液中の K^+ 濃度によって強く影響を受ける．植物にとって必須元素である K は，Cs と同じアルカリ金属であり性質が似ている．土壌溶液中の K^+ 濃度が低い場合，植物が積極的に K^+ を吸収しようとするため，Cs^+ の吸収も促進されてしまう．

作物による放射性 Cs の吸収を低減するためには，土壌溶液への放射性 Cs の溶出を抑え，そこから植物根に吸収されにくくするための対策が必要となる．土壌の撹拌によって粘土鉱物との反応を促進させたり，保持力の小さい土壌については吸着資材を施与したりすることが有効になる場合がある．カリ肥料などにより土壌溶液中の K^+ 濃度を一定以上に高く保つことは，特に重要な対策となっている．

5-6 農作物の放射性セシウム汚染対策のための実践的な農業技術

原田 久富美

■ ■ ■

　2011年3月の東京電力福島第一原子力発電所放射能もれ事故により，福島県を中心とする東日本の広域に放射性セシウム汚染が発生した．事故直後には，放射性ヨウ素および放射性セシウムの直接沈着などによる汚染のため，ホウレンソウや原乳などの農畜産物が出荷制限された．その後，土壌に沈着した放射性セシウムが作物の根から吸収され，収穫物に移行することによる汚染も発生した．ここでは，放射性セシウムによる汚染を防止し，安全な農畜産物を生産するため，実際に農業現場で利用されている実践的な移行抑制技術を作物別に解説する．

◯水稲における対策

　事故による深刻な放射性セシウム汚染に直面して，行政機関は平成23年度の水稲作付け方針を定める必要に迫られた．原子力災害対策本部は，農業環境技術研究所による全国17カ所を対象とした1959〜2001年の調査結果から導き出した，「水田土壌中の放射性セシウムの米への移行の指標を0.1」とする考え方により，当時の米(玄米)の基準値を超過する可能性が高い地域と避難地域および屋内避難地域の作付けを制限した．結果的には，平成23年産米において，放射性セシウム濃度が暫定許容値を超えた割合は17都県で2.2％であった．その後，玄米の放射性セシウム濃度に影響する土壌要因が検討されてきたが，予想に反して，他の要因による影響が大きいために，土壌と玄米の放射性セシウム濃度に関係性がみられていない．また，土壌から作物への放射性セシウムの移行しやすさの指標としてヨーロッパで開発された土壌の放射性セシウム捕捉ポテンシャル(RIP)を利用した，推定精度の高い移行予測モデルの開発も現時点では進んでいない．一方，カリ施肥は玄米の放射性セシウム濃度を確実に低減できる方法として，広く実践されている．

　移行抑制のためのカリ施肥技術では，農家が何をすべきか，わかりやすく示すことが求められる．2014年3月に農林水産省，福島県，農研機構，農業環境技術

研究所が共同で公表した，カリ施肥技術のポイントは，① 交換性カリ含量の目標値を 25 mg K_2O/100 g とすること，② カリ資材として速効性の塩化カリを利用すること，③ カリ施肥時期は基肥とし，追肥する場合にも分げつ期の早期に行うこと，④ カリを増肥しても食味，タンパク質含量，収量への影響がみられないこと，⑤ 稲わらにはカリウムが多く含まれているため，水田にすきこむと交換性カリ含量を維持しやすくなること，⑥ 保肥力の弱い土壌では土壌診断に基づいて施肥を行うこと，とされている．

平成 23 年産米の超過事例の解析結果から，当時は沢水や山林からの流入水の影響も考えられたが，土壌粒子などに吸着された懸濁態の放射性セシウムは作物に吸収されにくく，一方，吸収されやすい溶存態は，ほとんどが検出限界以下と濃度が低いことから，現在は流入水からの影響は限定的であろう，と考えられている．また，カリ施肥は用水から玄米への放射性セシウム移行にも抑制効果があることが確認されている．

平成 24 年産米では全袋検査が実施され，一部で，汚染された籾すり機の利用や汚染物の混入が原因と考えられる事例が確認された．そこで，事故後初めて使用する際の収穫乾燥調製機器の掃除の徹底，異物の混入防止を要点とする，生産者向けのガイドラインが作成されている．

平成 25 年産米では，南相馬地域で基準値超過が発生したが，平成 26 年産米では，事故後 4 年目にして，基準値超過を完全に抑制することが達成された．カリ施肥以外にも，放射性セシウムの移行低減のために生産現場における留意すべきポイントとして，深耕の実施，暫定許容値以下の堆肥の利用，大雨直後の濁水を水田に流入させない，土壌の付着防止などが推奨されている．

○ ダイズ，ソバにおける対策

ダイズ，ソバにおいても基準値の超過事例が発生し，その対策技術が検討された．その結果，ダイズでは交換性カリ含量の目標値を 25 mg K_2O/100 g (放射性セシウム濃度が高いダイズが生産される可能性がある地域では 50 mg K_2O/100 g) としたうえで，地域の施肥基準に準じた施肥を行うことが有効である．ソバの場合には，交換性カリ含量の目標値を 30 mg K_2O/100 g (放射性セシウム濃度が高いソバが生産される可能性がある地域では 50 mg K_2O/100 g) としたうえで，地域の施肥基準に準じた施肥を行うことが有効である．その他，即効性カリ肥料

の利用，深耕，農業機械の清掃，倒伏回避による土壌付着の防止，コンバイン収穫時の土壌巻き込み回避，暫定許容値以下の堆肥利用などが留意すべきポイントとして整理されている．

○ 野菜，果樹，茶における対策

野菜，果樹では，事故直後を除いて基準値を超過する事例は限られている．放射性セシウム濃度を高めないために，事故当時に野外にあった資材の再使用の防止，収穫物に土埃などを付着させないこと，機械の洗浄，灌水への配慮などが推奨されている．茶では，葉や樹体に直接付着・浸透した放射性セシウムが新芽に転流することを防ぐため，適期の中切りなどの剪定，整枝の徹底に加えて，事故当時に野外にあった資材の再使用の防止，機械の洗浄などが推奨されている．

○ 飼料作物における対策

事故時に栽培されていた飼料作物や水田の稲わらにおいて，高濃度の放射性セシウム汚染が岩手県から群馬県の広い範囲で発生した．このような放射性セシウムの直接沈着により高濃度となった牧草や稲わらは，現在でもその一時保管や処理が課題となっている．また，2011年4～5月初旬においては，直接沈着の影響を受けたイタリアンライグラスの放射性セシウム濃度は，時間の経過とともに急激に減少した(半減期11日)ことが判明している．

トウモロコシなど単年生飼料作物の場合には，堆肥を利用する慣行の養分管理が土壌からの移行を抑制するために有効であることが確認されている．飼料用イネでは地際から15 cmの刈高さとして，土壌混入を防ぐこと，窒素の多施肥を控えることが推奨されている．また，汚染牧草や汚染堆肥は，カリウムを含むため，飼料畑や草地更新時にすきこんでも，土壌の放射性セシウム濃度を高めるだけで，飼料作物の放射性セシウム濃度を上昇させる影響は小さいことも明らかとなっている．

永年生牧草の場合，2012年春には草地更新が放射性セシウム低減に有効であることが判明したが，一部の草地では基準値を超過する事例がみられた．超過事例の調査により，放射性セシウム低減を目的として草地更新を行う場合には，① 放射性セシウムを高濃度で含むリター・ルートマット層と土壌が十分に混和されるよう，丁寧にかつ深く撹拌作業を行うこと，傾斜地，石礫の多い草地では特に注

意深く耕起すること，② 交換性カリの目標値 (15 cm 深) を 30〜40 mg K$_2$O/100 g 以上とすること，③ 収穫時には落ち葉や土壌〜巻き込まないこと，などの技術指針が取りまとめられた．さらに，④ 維持管理の段階では，牧草の放射性セシウム濃度の再上昇を防ぐことが必要であり，慣行の施肥基準では土壌のカリが減少するため，カリ施用量を慣行の 2〜3 倍に高めるなど，従来とは全く異なる施肥管理が必要となることが明らかとなった．

○ま　と　め

各作物で移行しやすさや影響する要因の違いが認められるものの，交換性カリを指標としたカリ施肥による放射性セシウムの移行低減技術が実践されている．今後は，より簡便な土壌カリの診断方法，土壌カリを維持するための施肥法および土壌改良手法など，社会情勢の変化に対応したカリ施肥技術のさらなる改良が求められている．また，これまでに開発してきた実践的な汚染対策技術を国際的に発信することも重要である．

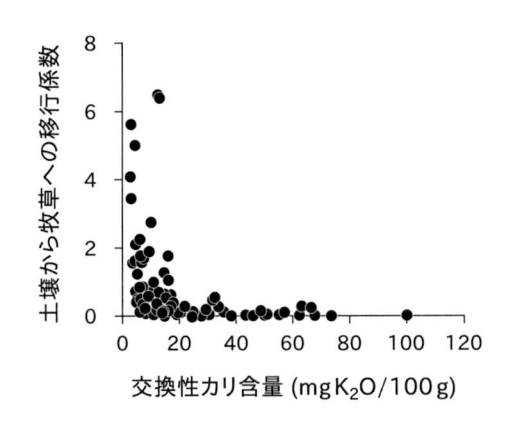

図 1　更新後草地における交換性カリ含量 (15 cm 深) と土壌から牧草への放射性セシウムの移行係数．移行係数は，牧草の放射性セシウム濃度 (水分 80 % 換算値) ÷ 土壌の放射性セシウム濃度 (15 cm 深) により算出した．2012 年，岩手，福島，栃木各県において，更新後に 1 および 2 番草の放射性セシウム濃度が暫定許容値を超過した草地を中心とする 94 事例の調査結果．

コラム 12　Cs vs CS！？ セシウムと耕地土壌の闘い

小島　克洋・横山　正

　セシウム (Cs) と耕地土壌 (CS：Cultivated Soil) の闘いという半ば強引に付けたタイトルであるが，福島県のように放射性セシウムで汚染された耕地において作物を栽培するためには，放射性セシウムを除去することと合わせて作物の放射性セシウム吸収を抑制する技術について考えていく必要がある．その際，物理的方法・化学的方法・生物的方法の 3 つに分けて考えるとわかりやすい．

　地上に降下した放射性セシウムは地表のわずか数 cm に滞留することが知られているが，物理的方法としては，まず地表に沈着したセシウムを剥ぎ取ることが考えられる．しかし，福島県の 90 ％以上が 5000 Bq/kg の比較的低濃度の汚染地であるため，肥沃な表土を剥ぎ取ることの方が作物栽培にとって大きなリスクとなる．そこで，耕耘することで作土全体に放射性セシウムを分散させ，希釈する方法が行われた．そもそも作物生産は耕耘から始まるため，意図せずとも作土全体に放射性セシウムが分散し土層全体に希釈された．農業を守り，長期間放射性セシウムと闘っていこうとする農家さんの思いの表れであると感じている．

　化学的方法としては，土壌 pH の改善やカリ施用によって作物による放射性セシウムの吸収を抑制することがあげられる．特に，カリ施肥の有効性は評価されており，25 mg/100 g の塩化カリなどが基肥として施用されている．しかし，カリウム添加による植物根のセシウム吸収抑制には限界があるという報告もあり，また，塩化カリのような可溶性カリを長期間施用しつづけることの肥料コストや労働コストの面などからもその施用が困難になる場合も生じる可能性がある．

　生物的方法としては，放射性セシウムを吸収しにくい作目や品種を選択することが考えられる．セシウム吸収の作物間差に関する研究では，オオムギやサツマイモなどで高く，ダイズ，ホウレンソウなどで低いという報告がある．また，セシウム吸収の品種間差に関する研究は，イネやダイズ，コマツナなどについて行われており，可食部における放射性セシウム濃度の低い品種が見いだされている．イネやダイズの品種間差については，農業生物資源研究所のジーンバンクから配布されている国内外のコアコレクションを用いた研究も行われており，遺伝的背景が異なる品種を用いたセシウム吸収の多様性が評価されている．今後，セシウム吸収に関する遺伝解析を進め，可食部に放射性セシウムを集積しないような新品種の育成についても検討されるだろう．一方で，放射性セシウムを除去する生物的方法としてファイトレメディエーションもあげられる．放射性セシウムを多く集積する植物種の探索や，放射性セシウム高集積植物と菌根菌や植物生育促進根圏細菌 (PGPR) との組み合わせによる研究が行われている．高集積植物や

年に何作も栽培可能な植物のバイオマスを増加させ、土壌からの放射性セシウムの収奪量を増やそうという試みである。放射性セシウムは年々土壌中の粘土鉱物に強く固定されるため、それらを植物にとって利用可能な状態にする必要がある。このような固定態の放射性セシウムは有機酸によって可溶化されることが報告されている。植物は根から様々な有機酸を分泌しており、その有機酸の種類や量は植物種によって異なる。シュウ酸がセシウムを溶出する効果が高いと知られているため、シュウ酸の分泌量が多い植物の探索も必要であろう。また、土壌中にはカリウム溶解菌とよばれる糸状菌や細菌が存在しており、有機酸を分泌して粘土鉱物の構造を破壊してカリウムを可溶化することが知られているが、その機能を放射性セシウムの溶出にも応用しようという試みも行われている。

2015年現在では、低濃度汚染地域における水田・畑作物からは、厚生労働省の定めた基準値を超過するものは検出されていない。しかし、現在作付けの制限されている地域が、放射性セシウムの崩壊に伴って将来作付け可能となったときに、どのような方策を選ぶべきなのかという知見を集積していくことが今後も重要であると考えられる。

図1　放射性セシウム集積抑制型イネの開発のため、集積程度の異なる組換え自殖系統群を栽培している様子 (福島県二本松市の水田).

5-7　土の重金属汚染とその修復

牧野　知之

■　■　■

　土壌汚染とは，生物，農作物や人などに悪影響を生じるぐらい，有害物質が土壌中に蓄積することをいう．ある種の重金属は有害物質とみなされる．いったん土壌が重金属によって汚染されると，有機汚染物質や放射性物質と違って分解や減衰したりしないため，非常に長い間，土壌は汚染されたままになる．ここでは，土壌の重金属汚染について，様々な角度からみてみよう．

○ わが国の重金属汚染

　日本では，これまでにカドミウムやヒ素などの重金属汚染が生じて，大きな問題となった．古くは栃木県の足尾銅山で発生した銅を含む廃水の下流地域への流入による土壌汚染，高度成長期には富山県神通川流域のカドミウム汚染や島根県のヒ素汚染などがある．富山県のカドミウム汚染による健康被害は「イタイイタイ病」として世界的に知られている．重金属による土壌汚染の経路としては，鉱山廃水の流入のほかに，精錬所の煙突から放出された重金属を含む煤煙の降下，重金属を取り扱う工場跡地の残滓などがあげられる．

○ 土壌における重金属のかたち

　重金属は土壌中でいろいろな形で存在する．例えば，土壌の粒子と粒子の間の水に溶けている水溶態，静電気を帯びている土壌の粒子にイオンとして吸着している交換態，腐植とよばれる土壌中の有機物と結合している有機結合態，土壌中の鉄酸化物やマンガン酸化物に含まれている酸化物吸蔵態などがある．また，重金属が他の物質と反応して何らかの化合物となっている場合もある．例えば，硫黄と反応した硫化物や炭酸イオンと反応した炭酸塩などである．作物への吸収という点から土壌中の重金属の形態をみた場合，水溶態や交換態は作物が最も吸収しやすい形態である．

○ 従来から行われている重金属汚染の対策

工場跡地などにおける対策としては，汚染土壌にセメントなどを入れて混ぜて固める固化，薬剤や資材を混ぜて重金属を溶けにくい形に変えたり資材に吸着させる不溶化，コンクリートなどで区切って管理する封じ込めなどがある．封じ込めや不溶化は安価で比較的簡単であるが，恒久的な対策ではないため，管理維持する必要がある．一方，カドミウムに汚染された水田では，水稲の穂が出はじめる出穂前後の 3 週間に水田の水を落とさないように維持する湛水管理が行われている．なぜ湛水管理をするのか？湛水管理をすると，水田の土の中に空気 (酸素) が届きにくくなって，土壌は還元的な状態になる．還元が進むと，カドミウムは，重金属の形態で書いたような水に溶けにくく，作物に吸収されにくい硫化物 (硫化カドミウム) になるためである．硫化物は目には見えないが，湛水中または水を落とした直後の水田を掘って土壌の匂いを嗅ぐと，硫黄の温泉の匂いやドブ水のような匂いによってその存在がわかる．湛水管理は水稲のカドミウム吸収を抑える方法であるが，農用地の作土から重金属を除去する方法として，客土が行われてきた．客土には，汚染土壌の上に汚染されていない土壌をかぶせる (上乗せ客土)，汚染された土壌を剥ぎ取って排出した後で非汚染土壌をかぶせる (排土客土) 方法などがある．客土は多くの費用がかかるうえ，最近は客土に使用する山土の採取が環境影響などの問題から困難な状況にある．また，客土した後には，水田土壌に適するよう土壌を改良する必要があり，土壌がもとの生産性を回復するのに長期間を要する．客土の厚さが不十分な場合には長い間経った後に汚染が再発する場合もあり，客土に変わる土壌浄化技術が求められている．

○ カドミウム汚染水田における新たな重金属汚染対策

コメのカドミウム濃度を低下させる方法には，湛水管理や客土以外に，① 植物を利用した修復 (ファイトレメディエーション)，② 土壌洗浄法，③ 電気浸透法，④ カドミウムを吸いにくい品種の選抜などがある．ファイトレメディエーションとは植物を利用した環境修復技術の総称で，土壌の重金属汚染を修復する場合は，一般的に植物による重金属の吸収・蓄積機能を利用して土壌を浄化する．ファイトレメディエーションについては，7-4 の「植物を用いた重金属汚染土の浄化」で詳しく説明されている．洗浄法は，汚染された土壌に薬剤と水を加え，液状で混合して土壌から重金属を水に浸出除去し，重金属を含む廃水を土壌から排水して

水浄化システムで処理する修復技術である．化学的な方法であるため，重金属を除去する効率が高く短期間で修復可能という長所をもつ．洗浄法による土壌修復は多くの企業で研究が進められているが，その多くは工場跡地などを対象として汚染土壌を処理場に搬入して浄化するものであり，重金属を多く含む粘土画分を分取して汚染土壌の減量化，低濃度化を図る場合が多く，水田に適用するには問題が残る．実際に洗浄法を農耕地に適用する際の課題として，① 低環境負荷でカドミウム抽出効率の高い薬剤の選定，② 現地洗浄と現地に設置できる排水処理システムの開発，③ 洗浄後の良好な土壌肥沃度・作物生育の確保，④ 洗浄効果の維持などがあげられる．そこで，これらをふまえて，カドミウム汚染水田に適用できるように洗浄薬剤に塩化鉄(III)を用いた新たな洗浄法を開発した．この方法は，客土に比較して，採土地における自然改変など環境への影響や適用する農地の土壌の理化学性への影響が小さい対策方法である．具体的な洗浄作業は次の3段階で行う(図1)．(1) カドミウムに汚染された水田に塩化鉄と水を入れて，土壌と水をよく混合し，カドミウムが溶け出した水を排水する．(2) さらに水を水田に入れてよく混合して排水することを2～3回繰り返し，水田に残っているカドミウムを排水とともに除去する．(3) (1)と(2)で発生した排水に含まれるカドミウムを，現場に設置した処理装置によって回収する．

塩化鉄が溶けた水と土壌を混合する際には，作土層をできる限り撹拌するとと

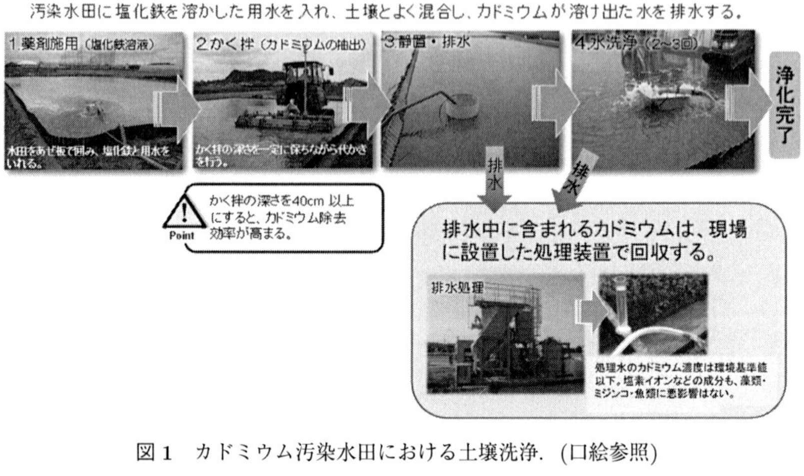

図1　カドミウム汚染水田における土壌洗浄．(口絵参照)

もに，耕盤を壊さないようにするため，撹拌する深さを正確に管理できるトラクターを用いる．混合するときの水深 (水面から耕盤までの深さで，作土が懸濁している深さ) を 45 cm 以上とすることで，作土中の土壌のカドミウム濃度は 60〜80 % 程度低下し，その結果，生産される米のカドミウム濃度は洗浄していない場合に比べ 70〜90 % 程度低下する．また，洗浄処理後に水稲を栽培しても，収穫量はほとんど減少しない．排水にはカドミウムが含まれるが，現場に置いた排水を処理する装置でカドミウムの濃度を環境基準値以下まで低下させることができる．その後，農業排水路に放流するが，化学物質の生体影響評価で用いられる藻類，ミジンコ，魚類などの生育に悪影響を及ぼさないことも確認されている．このように，土壌洗浄法は，新たな浄化技術として確立されている．

また，汚染土壌の浄化ではないが，最近になってイオンビームを用いた突然変異育種法という方法で，カドミウムをほとんど吸わないイネが作出され，最新の対策法として期待されている．

○ コメにおけるヒ素基準値およびカドミウムとヒ素吸収のトレードオフ

2014 年 7 月にコーデックス委員会 (国際食品規格の策定などを行う国際的な機関) において，精米に含まれる無機ヒ素の最大基準値が 0.2 mg/kg に決められた．農林水産省が行った調査によると，平成 24 年産の日本の精米中無機ヒ素濃度の平均値と最大値は，それぞれ 0.12 と 0.26 mg/kg であり，一部のコメではコーデックスの基準値より高い．一方，上述のように，コメのカドミウム吸収抑制対策として湛水管理が行われているが，湛水管理は水稲のヒ素吸収を促進する可能性がある．水田を湛水すると土壌は還元し，マンガン酸化物，鉄酸化物の順に溶解する．これらの酸化物はヒ素を吸着する性質をもち，酸化物の溶解とともにヒ素の溶出が認められる．また，土壌還元に伴い，吸着能の強いヒ酸から吸着能の弱い亜ヒ酸に還元され，容易に土壌溶液に溶出されて，水稲のヒ素吸収が高まる．このように，水稲栽培の水管理においてヒ素とカドミウム吸収とはトレードオフの関係にあるといえる．そこで，コメのヒ素とカドミウムを同時に減らす方法が研究されている．一方，酸化的条件下である畑地の土壌溶液中のヒ素は主にヒ酸であり，吸着能が強いため土壌溶液中濃度はごく低レベルとなる．畑地における土壌ヒ素の作物への可給性は低く，畑作物中のヒ素はほとんど問題とならない．コメのヒ素とカドミウムを同時に減らす方法が研究されている．

コラム 13　土壌中の有害元素の挙動を分子レベルで明らかにする

橋本 洋平

　有害元素による地球環境汚染は，土壌が汚染の発生起源，あるいは最終蓄積源となっている場合が多い．そのため，土壌中の有害元素の挙動を詳細に明らかにすることは，環境中への汚染の拡散防止や生物影響の低減のための有用な知見を得ることにつながる．土壌中の元素の挙動を支配する化学的特性を，原子・分子のレベルから観察することによって，土壌全体で起きている巨視的な現象の本質をとらえることが可能になる．

　放射光とはなにか

　分子や原子を観察するためには，それらよりも波長の短い光が必要になる．可視光線の波長 (~500 nm) は，分子や原子よりも長いため，分子や原子の世界を見ることはできない．そのため，可視光よりも波長が短い X 線 (~0.1 nm) の領域で，しかも明るい光が必要になる．このような特徴をもつ光は放射光とよばれ，日本では SPring-8 (スプリングエイト) とよばれる実験施設などで利用でき，産業や学術分野の研究および開発に活用されている．放射光は，光の速度近くまで加速した電子の軌道を，電磁石を使って偏向させたとき，電子の軌道の接線方向に集中して発生する指向性の強い光のことである．放射光施設では，この光を直径 1 μm の微細な大きさに絞り込むことができるため，原子や分子レベルで元素の世界を観察することができる．

　土壌中の元素の挙動を決定づける特性

　土壌中の元素の挙動を決める重要な特性としては，元素の価数ならびに結合状態 (化学種) があげられる．例えば，有害金属で知られるヒ素 (As) は，五価の「ヒ酸」よりも三価の「亜ヒ酸」として存在している方が，環境中で移動しやすく，生物毒性も高いことが知られる．同じ価数の元素であっても，どの元素と結合しているかによって，土壌中における溶解性ならびに生物への吸収や毒性は異なる．例えば，汚染土壌の鉛はしばしば炭酸鉛 ($PbCO_3$) として存在しているが，リンと結合した緑鉛鉱 [$Pb_5(PO_4)_3Cl$] に変換されることによって，土壌中での溶解性や生物利用性が著しく低下する．固液系におけるこれらの特性は，これまで各種化合物の熱力学平衡定数を用いて推測，あるいはクロマトグラフィー法などによって測定されてきた．しかし，土壌環境中では，溶液中の元素の化学反応がしばしば非平衡であることや，対象とする元素が微量であるため，これらの方法が適用できないことが多い．このような場合に，放射光を光源とする X 線を用いることによって，土壌中の元素の価数や結合状態を分析することが可能になる (X 線吸収微細構造法)．

水田土壌のカドミウム (Cd) 汚染

Cd による土壌汚染が健康に悪影響を及ぼすことは，過去のイタイイタイ病の事例によって認知されている．日本人の場合は，コメからの Cd 摂取量が食品からの全 Cd 摂取量の 4 割を占めている．食生活のコメ離れが進んでいるが，コメは依然として日本人の主要な Cd 摂取源であることを鑑みると，イネの Cd 吸収量を低減させるための土壌管理技術の開発が，食の安全や健康リスクの低減を目指すうえでの喫緊の課題であるといえる．

水田土壌の Cd 研究は，1970 年ころから本格的に開始された．当時の研究では，酸化状態の土壌では Cd が多く溶出すること，ならびに還元状態の土壌では Cd が溶出しにくいことが確認されており，これらの原因は土壌が還元することによって，溶解性の低い硫化カドミウム (CdS) が生成するためであると推察されていた．土壌中の CdS の存在は，熱力学平衡計算によって推定されていたが，実際の水田土壌で CdS が生成されていることが放射光分析によって確認されたのは，それから約 40 年後のことであった．施肥履歴の異なる灰色低地土を用いて，湛水環境下における Cd の化学種を放射光 X 線によって分析したところ，(1) 土壌の Cd は CdS だけでなく鉄鉱物や腐植と結合した状態でも存在すること，(2) 土壌の施肥履歴によって CdS の生成に違いがみられること，(3) CdS の生成量は土壌固相および溶液中の硫黄の濃度の上昇に伴って増加し，固相に存在している硫黄の化学種によって規定される可能性が明らかにされた．このように放射光を用いて元素の化学種を分析し，原子・分子レベルの知見に基づいて土壌全体の元素の動態を巨視的に明らかにする研究分野は，Molecular Environmental Soil Science (分子環境土壌学) として確立されつつある．

コラム 14　自然由来の重金属類と建設発生土の有効利活用

加藤　雅彦

　一般的に，重金属と聞くと，悪いイメージがあるが，具体的にどの金属が重金属に該当するかご存知であろうか？　重金属は，密度が比較的大きい ($> 4.0 \text{ g/cm}^3$) 金属と定義されている．この場合，一般的に有害でないと認知されている鉄も重金属ということになる．重金属の中には植物の成長に必要なものもある．摂取する量の問題である．それでは，「自然由来の重金属類」とはいったい何を指すのであろうか．

自然由来の重金属

　ほぼすべての土壌に重金属は含まれている．例えば，イタイイタイ病の原因物質とされるカドミウムは，土壌中濃度が数 mg/kg 程度である．地殻を構成する岩石や土壌には，もともと重金属が含まれる．自然環境にもともと含まれている重金属を，「自然由来」とよぶ．したがって，広い意味では，すべての土壌が自然由来の重金属を含んでいることになる．しかしながら，多くの場合，自然由来の重金属が問題にならないことは自明であろう．

建設発生土に含まれる自然由来の重金属類

　土壌汚染対策法は，土壌汚染から人の健康被害を防止し，健康を保護することを目的に制定された法律である．土壌汚染対策法では，重金属や重金属と性質が似ている元素の計 8 物質が，第二種特定有害物質とされている．第二種特定有害物質には，重金属ではない元素も含まれるが，土壌中で重金属と似た挙動や反応を示すため，「重金属類」として扱われている．建設発生土とは，もともと存在した箇所から建設工事に伴い掘り出された岩や土砂などである．建設発生土の取り扱いは，土壌汚染対策法との関連が深いため，狭い意味での自然由来の重金属類は，上記 8 物質を指すことが多い．

建設発生土中の自然由来の重金属類が問題になる場合がある

　自然由来の重金属類が問題になる場合の多くは，自然状態の土壌に改変を加え，今までとは異なる環境条件となった際に生じる．例えば，土壌中の重金属類が，掘り出さることで水や空気に触れるようになり，水に溶け出すようになるときがある．重金属類が，国の定めた環境基準を超えて溶出すると問題視されるようになる．建設発生土はどのように処理すればよいだろうか！？　建設工事現場から埋立処分場で処理したほうがよいだろうか！？　埋立処分場で処理したほうがよい場合もある．しかし，輸送費などが発生するため全体の処理費用が高くなり，その結果，工事費用全体が高まる．工事費用が高くなることは，利用者 (多くの場合，国民) の負担につながる可能性がでてくる．特に，国土に限りがある日本では，環境的，社会的，経済的に最大公約数の解を適用することが重要である．このような考え方は，欧米を中心に持続可能な修復 (Sustainable Remediation)

コラム 14　自然由来の重金属類と建設発生土の有効利活用

として認知されている．持続可能な修復の一つの解として，建設発生土を環境面で問題ない状態にし，再利用していくことがあげられる．

再生資源の利用による建設発生土の有効利活用

再生資源を利用した建設発生土の再利用に関する研究事例を紹介する．研究に用いた建設発生土は，図 1 の (a) に示すように水に触れるとカドミウム溶出量が時間経過に伴い増加する発生土であった．このことは，掘り出された直後とその後では，カドミウムの溶出状況が変化することを示す．また，pH が酸性化する性質を有していた．酸性 pH をもつ建設発生土は，自然由来の重金属類とは異なった問題を有する．このような建設発生土に鉄鋼業から発生する再生資源 (鉄鋼スラグ) を添加混合したところ (図 1 の (b))，カドミウム溶出量は，環境基準未満に抑えられた．このことは，酸性 pH が中和されるとともに，鉄鋼スラグもしくは建設発生土中の物質にカドミウムが吸着され，カドミウムが可溶な形態から不溶な形態に変化したことが一要因と考えられた．以上のように，再生資源を利用することで，建設発生土からの自然由来の重金属類の溶出を抑えられることが見出されている．建設発生土にも多種多様なものがあるため，さらに検討を深める必要があるが，再生資源を利用した建設発生土の利活用は，持続可能な修復の一助になると考えている．

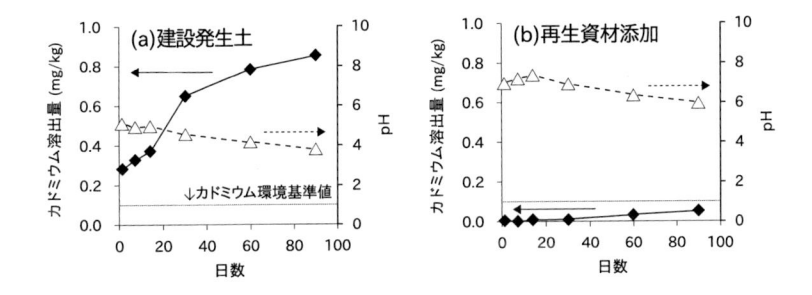

図 1　再生資材 (鉄鋼スラグ) を未添加 (a)，添加 (b) した建設発生土のカドミウム溶出量，pH．カドミウム環境基準値は，土壌溶出量基準 (0.01 mg/L) と溶出試験の固液比より土 1 kg あたりに換算した．

5-8 アフリカの砂漠化にどう対処するか？

真常 仁志

■ ■ ■

○ 砂漠化とは？

　1970～80年代に激化したアフリカ・サヘル地域 (サハラ砂漠の南縁部) での飢饉の要因として砂漠化が脚光を浴びた．1972年国連人間環境会議，1977年国連砂漠化会議，1992年国連環境開発会議 (通称地球サミット) などにおける議論を経て，国連は1994年砂漠化対処条約 (正式名称：深刻な干ばつまたは砂漠化に直面する国 (特にアフリカの国) において砂漠化に対処するための国連条約) を採択し，1996年12月26日に発効した．この条約第1条において砂漠化は，「乾燥・半乾燥・乾燥亜湿潤地域における種々の要因 (気候変動および人間活動を含む) に起因する土地の荒廃」と定義された．ここで，「乾燥・半乾燥・乾燥亜湿潤地域」は，総称して感受性乾燥地とよばれ，乾燥度 (年降水量/可能蒸発散量) がそれぞれ0.05以上0.20未満，0.20以上0.50未満，0.50以上0.65未満となっている．乾燥度が0.05未満の極乾燥地域や寒冷な乾燥地 (例えばシベリアやチベット高原) は，対象地域とはなっていない．「土地」とは，土壌，水資源，地表面，作物を含む植生からなり，「荒廃」とは，土地にはたらきかけるひとつのプロセスあるいはその組み合わせによって，資源のポテンシャルが減少することを意味する．

　感受性乾燥地の全面積は5169万km^2で全陸地の約41％を占め，世界の総人口の約38％が住んでいる．感受性乾燥地の約10～20％が砂漠化にさらされているといわれている．

○ サハラ砂漠は南下している？

　アフリカのサヘル地域において，年間150 mmの降水量を下回ると，植生が枯れ砂漠が動き出すことから，年降水量150 mmの等値線は砂漠化前線とよばれる．この前線は，年降水量の変動によってかなり大きく南北に振動する．例えば，顕著な干ばつ年であった1972年と1984年には，平年の位置より200～400 kmも南方に移動し，広域にわたる干ばつが植生の後退と深刻な食料不足を招き，多数

の餓死者と難民が発生した．一方，2000年代に降雨量が回復すると，植生も回復した．したがって砂漠が毎年少しずつ南下して村や耕地を飲み込むというイメージは，少なくともサヘル地域ではあてはまらない．このような降雨の多寡に連動した植生の変動と不可逆的に進行する「砂漠化」を分けることが砂漠化防止の対策を考えるうえで重要であるが，両者を区別できる評価方法はいまだ確立していない．

○ 砂漠化はなぜ起こる？

アフリカにおける砂漠化の主要なプロセスは土壌侵食である．土壌侵食とは，雨水や風の作用で土壌が流失または飛散移動する現象である．雨水による侵食を水食，風による侵食を風食とよぶ．この過程は，自然条件下でも進行している(正常侵食)が，人為的な手段による誤った土地利用や山火事などの結果，その速度が岩石風化による土壌生成速度を上回ると，表層の土壌が失われていく(加速侵食)．養分に富んだ肥沃度の高い表層土壌が失われると，作物の生産性が低下する．また，侵食により流された土壌が下流の水域に流れ込み，堆砂や富栄養化などの問題を引き起こす．加速侵食が進行する理由は一般に，「人口や食料需要の増加により，土地に対する利用圧が高まり，土地の生産力を超えて耕作・放牧され(過耕作や過放牧)，侵食が進む．いったん侵食が始まると，より脆弱な土地への圧力が高まるため，さらなる生産力の低下を引き起こし，悪循環に陥る．」と考えられている．現在も急激に人口が増加しているアフリカでは特にそうである．しかし，現実はそれほど単純でないこともわかってきている．ケニアでは人口が増えたために，住民主導で土壌侵食防止のためのテラス化が進んだり，人口増加のために休閑地がないナイジェリア北部では，複数の作物の栽培，家畜飼養を組み合わせた農業をしており，23年間で土壌養分量の減少は観察されていない．作物生産に必要な農業資材や収穫物の価格やそれを決定する政策，土地所有の保障など様々な社会経済的状況も砂漠化の進行に影響している点に注意が必要だろう．

○ 砂漠化をどう防ぐ？

植林：樹木は，風の力を弱め，流される土壌を捕捉することができるので，薪伐採や放牧など主に人為的影響により裸地になった場所へ植林する．人為的影響を低減できれば植生は回復するので，このアプローチにおいて重要となるのは，住

民が土地を荒廃させざるをえなくなった諸要因を取り除くことである．そのためには，住民のおかれている社会経済的状況に対する深い洞察が不可欠であり，住民の意思を無視あるいは軽視した大規模な植林は失敗に終わることが多く，批判も多い．

　作付体系の改良：条植えする作物は，特に生育初期に土壌の被覆割合が小さく，侵食を促進させるので，このタイプの作物を連続して耕作することを避け，マメ科やイネ科牧草のように被覆面積の多い作物を輪作体系に組み込む．混作のように，複数種の作物を同時に栽培することも，土壌の被覆を常に維持するという意味で，土壌保全上有効である．条植え作物と被覆作物を等高線に沿ってあるいは風向きに垂直に交互に栽培する帯状栽培も効果的である．条植え作物の部分から流失した土壌を被覆作物の部分で保持する．被覆作物として利用されるのは多年生の草本が多いが，樹木を利用する場合もある (アグロフォレストリーの一種)．

　作物残渣を焼却せずに，圃場表面に放置することをマルチングという．これによって風や水によって運ばれる粒子の捕捉，土壌表面の雨滴からの保護が可能となる．乾燥期間が長く，被覆作物の栽培が不可能な地域では代替手段となる．ただし，マルチングによって耕起しにくくなったり，雑草の生育を促進したりする可能性もあるので，農法全体のなかに適切に位置づける必要がある．乾燥地特有の課題としては，マルチングに利用する作物残渣が家畜の飼料となり，耕地に放置できる作物残渣がない場合がある．

　有機物は，土壌の団粒を結合させるはたらきをもっているので，マルチ，被覆作物，堆厩肥などの有機物資材を土壌へ投入し，土壌中の有機物含量を高めると，侵食に対する抵抗性が高まる．不耕起 (耕起せずに作物を栽培する方法) で作物を栽培すると土壌表面を撹乱しないので侵食を防止できる．しかし，耕起しないために雑草害が問題となり，除草剤の散布が必要となることが多く，資金のないアフリカの貧農にはあまり現実的でない．

　工学的対応：斜面のテラス化による斜度の軽減，放水路の作成による流路の誘導，等高線沿いに設置した石列による運搬される土粒子の捕捉などがある．いずれも資材と労働力を要し，アフリカでは外部からの援助頼みとならざるをえない．

　今後の課題：砂漠化が進行する乾燥地の特筆すべき特徴は，雨が少ないということだけではなく雨量の年ごとのばらつきが非常に大きいということである．そのため，砂漠化が問題となるアフリカの乾燥地に暮らす住民は作物の不作という

リスクへ対処するため，出稼ぎや家畜売却といった他の生計手段を確保している．したがって，ここであげた砂漠化に対処する技術を実施するために必要な労働力，資金，時間が既存の生計手段と競合すると，その技術は採用されない．私たちが開発すべきは，既存の手段に勝るリスク対処能力を有する砂漠化対処技術であるが，まだその道半ばである．

図1　風により飛ばされる土壌 (撮影地：ニジェール，筆者撮影). (口絵参照)

図2　侵食により露出した樹木の根 (撮影地：ニジェール，筆者撮影). (口絵参照)

5-9　熱帯の土における物質循環

木村　園子　ドロテア

■ ■ ■

○ 熱帯の土壌の特徴

　熱帯では，赤色や黄色味を帯びた土壌に出会うことが多い．これらの土壌は主にフェラルソルあるいはアクリソルとよばれている土壌である．熱帯では，年間を通して月平均気温が18℃以上の高温が続き，かつ熱帯雨林気候や熱帯モンスーン気候では年間1000 mmを超える降水量を有するため，温帯や冷帯に比べて母材の風化速度が非常に速い．アフリカや南アメリカの熱帯土壌では，氷河による浸食などの影響を受けていないため，長い土壌生成期間を経ている．長期間，激しい風化と土壌生成作用を受けているため，風化によって遊離した塩基類 (カルシウム，マグネシウムやカリ) が急速に溶脱し，溶解しにくい鉱物 (鉄やアルミニウムの酸化物や水酸化物) や粗い砂粒子のみが残存する土壌 (フェラルソル) が多く存在する[3]．フェラルソルは主としてカオリナイトなどの1:1型粘土鉱物，石英，鉄やアルミニウムの三二酸化物よりなり，その結果，陽イオン交換容量 (Cation Exchange Capacity: CEC) がきわめて小さい．塩基類やリン酸などの植物養分が非常に少ない上に，低い CEC により塩基保持能力が小さく，リンは三二酸化物に固定されやすいため，フェラルソルはきわめて貧栄養な土壌である．

　東南アジアの熱帯では，火山活動などによる新たな母材の供給により地質年代がアフリカや南アメリカに比べて若いため，フェラルソルに比べると風化・土壌生成作用が進んでいない土壌 (アクリソル) が広がる[3]．東南アジアのアクリソルは全陸地面積の51％を占めており，これは世界のアクリソルの24％に相当する．アクリソルは，酸性岩を母材とした酸性土壌である．風化によって形成された1:1型粘土鉱物と石英質粒子のうち，1:1型粘土鉱物は分散して下層に移動・集積し，粘土含有率の高い下層と粗粒化した表層を有するのが特徴である．一般的に栄養塩類に乏しく，塩基飽和度は50％以下である．鉄やアルミニウムの三二酸化物の生成が少なく，そのため強酸性で植物根に障害を与える交換性アルミニウムの多い土壌となりやすい．アクリソルもきわめて貧栄養な土壌なのである．

○ 物質循環による養分供給

このように非常に貧栄養で厳しい土壌環境にもかかわらず，熱帯では豊かな森林が見られる．熱帯雨林の純一次生産 (Net Primary Production: NPP) は年間 7.8～12.5 t C/ha と見積もられている．温帯林や亜寒帯林では熱帯雨林より低く，それぞれ年間 6.3～7.8 t C/ha，および年間 1.9～2.3 t C/ha である[5]．熱帯地域は大きな有機物生産ポテンシャルをもっているのである．その結果，熱帯雨林では植物の平均的な炭素現存量は 121 t C/ha であり，温帯林の 57 t C/ha，亜寒帯林の 64 t C/ha と比べ倍近く多い[1]．

高い純一次生産により，熱帯雨林におけるリター量も温帯林や亜寒帯林に比べて多い．ある調査では，熱帯林では 7.0 t C/(ha・年) であるのに対し，温帯林では 3.6 t C/(ha・年)，亜寒帯林では 0.5 t C/(ha・年) と報告している[4]．熱帯雨林では高温・多湿な条件により有機物分解速度も早く，微生物による土壌有機物の分解量は 9.7 t C/(ha・年) と温帯林の 3.6 t C/(ha・年) と亜寒帯林の 4.5 t C/(ha・年) の倍近い値を示す．熱帯では分解速度が速いだけでなく，分解過程も温帯とは異なる[6]．温帯では有機物分解により一部の有機物が腐植物質として蓄積する．一方，熱帯では菌類がセルロースやリグニンを同時に分解していくため，腐植物質が形成されないのである．純一次生産とリターなどの供給，有機物の分解の結果，土壌の炭素現存量は熱帯雨林では 123 t C/ha，温帯林の 96 t C/ha より多いが亜寒帯林の 343 t C/ha より少ない値であった．植物：土壌の比率をみると，熱帯雨林ではほぼ 1:1，温帯林では 1:1.7，亜寒帯林では 1:5.4 である．値の多少はあれ，亜寒帯や温帯では土壌に炭素が多く蓄積されるのに対して，熱帯では植物に炭素，つまり有機物，そして有機物に含まれる栄養塩類が保持されているのである．

有機物の分解により，水や二酸化炭素が放出されるほか，有機物に含まれる養分物質，その他の無機物質が放出される．土壌からの養分供給が限られており，土壌に養分が保持されにくい条件にある熱帯では，リターや細根などの有機物分解による養分供給が重要な意味をもっている．アマゾンのテラフィルメの熱帯林では，1 ha あたり 10 t にのぼる非常に多い細根量を有し，樹木が落葉から直接養分を吸収することが報告されている[5]．熱帯雨林では，土壌から供給されるわずかな養分に加えて有機物の分解によって供給される養分を，高い生産力によっ

て効率的に吸収し，さらに再びリターなどとして内部循環させることにより高い一次生産力を維持しているのである．

○ 持続的な農業生産のために

　以上の観点により，熱帯における農業生産を持続的に行うためには，植物の高い純一次生産ポテンシャルを最大限に発揮させ，有機物の分解や土壌によって供給される養分を効率的に吸収することが不可欠であることがわかる．生態系の機能を生かした土地利用では，生産者–分解者の相互作用を通じての物質循環と蓄積をいかに持続的に維持していくかが重要な課題なのである[6]．

　地上部の植物体に養分を蓄積し，内部循環を利用して農業生産をする最も典型的な農法がアグロフォレストリー (agroforestry) である．アグロフォレストリーは，木本類の栽培と農作物や家畜生産を同時に行う農法である．地球上の全農耕地において，木本類の面積が 10 % 以上を占めるものは全農地の 46 % に上る[8]．特に中央および南アメリカ，東南アジア，サブサハラ・アフリカにおいて木本類を含む農耕地が多く，中央アメリカでは全農耕地の 98 % が 10 % 以上の木本類を含む農地である．

　アグロフォレストリーは，作物の有無，家畜の有無などの形態による区分のほか，植物の種類をどのように維持するかによって分けることができる．例えば防風のために列状に植えた樹木 (果樹の場合もあり) の間で，1 年生の作物を繰り返

図 1　ブラジル・ベレン州におけるアグロフォレストリー 1 年目の畑．スイカ，インゲマメ，バナナ，カカオ，ブラジルナッツの混植畑．遷移年次により収穫物は異なる．

し栽培する手法もあれば,樹木(果樹)の生長によって占有する植物相が変わる手法もある.前者は東南アジアのホームガーデンで一般的である.後者は遷移型アグロフォレストリーとよばれており,特にブラジル・ベレン州トメアスで日系人移住者らによって発達したアグロフォレストリーが有名である[7].

アグロフォレストリーでは,永年性の植物が存在するため,常に養分吸収が行われ,溶脱などによる系外への損失が抑えられる.アグロフォレストリーの基本的特性として複数の作物を平衡して栽培することも養分吸収が効率的に行われることにつながる[2].多様な植物により分解速度の異なるリターが供給されることも緩やかな養分供給につながる.また,永年性の植物が植わっているため自ずと土壌の撹乱が抑えられ,植物がつくる日陰により土壌有機物の分解速度が抑えられる.アグロフォレストリー下の土壌は,一年生作物の畑に比べて地温が低く,土壌水分率が高い.土壌の団粒構造もより発達している.いずれも土壌有機物の分解を抑え,土壌に有機物を蓄積することにつながる.熱帯の脆弱な土壌を保護しつつ生産を行う可能性として,今後より多くの研究が求められている.

文　　献

1) Dixon R.K., Brown S., Houghton R.A., Solomon A.M., Trexler M.C. and Wisniewski J. (1994). Carbon pools and flux of global forest ecosystems. *Science*, 263, 185-190.
2) George S.J., Harper R.J., Hobbs R.J. and Tibbetta M. (2012). A sustainable agricultural landscape for Australia: A review of interlacing carbon sequestration, biodiversity and salinity management in agroforestry systems. *Agriculture, Ecosystems and Environment*, 163, 28-36.
3) 木村眞人 (2004). 熱帯の土壌. 熱帯生態学 (長野敏英編), 朝倉書店, pp.7-43.
4) Malhi Y., Baldocchi D.D. and Jarvis P. G. (1999). The carbon balance of tropical, temperate and boreal forests. *Plant, Cell and Environment*, **22**, 715-740.
5) 長野敏英 (2004). 熱帯林破壊と環境問題. 熱帯生態学 (長野敏英編), 朝倉書店, pp.81-101.
6) 武田博清 (2004). 熱帯における土地利用. 熱帯生態学 (長野敏英編), 朝倉書店, pp.128-148.
7) Yamada M. and Gholz H. L. (2002). Growth and yield of some indigenous trees in an Amazonian agroforestry system: a rural-history-based analysis. *Agroforestry Systems*, **55**, 17-26.
8) Zomer R.J., Trabucco A., Coe R. and Place F. (2009). Trees on Farm: Analysis of Global Extent and Geographical Patterns of Agroforestry. ICRAF Working Paper no. 89. Nairobi, Kenya: World Agroforestry Centre.

5-10 土を酸性にする犯人はだれか？

藤井 一至

■ ■ ■

　雨降りやまぬ6月，ふと花壇に目をやればアジサイの花が咲いている．さて，あなたは何色を想像しただろうか？　日本人なら青色を想像することが多く，地中海地方の人ならピンク色を想像することが多い．この理由の一つは土にある．

　もともとアジサイの花 (ガク) に含まれている色素成分はピンク色だ．この色素はアルミニウムと結合して青色を呈する．土から吸収されたアルミニウムイオン (Al^{3+}) がガクまで運ばれて反応しているのだが，日本の土はアルミニウムイオンを多く含む．土が酸性なためだ．これはなぜだろうか？

　乾燥地から湿潤地までを見渡せば，砂漠は草原に変わり，やがて森林になる．雨は蒸発や植物の蒸散によって大気に還り，余った水は土を浸透する．乾燥地の土は炭酸カルシウムを含み，アルカリ性を示すが，降水量が増加すると炭酸カルシウムは地下水まで運ばれる．洗われた土は中性から弱酸性になる (図1)．

　ただし，多量のアルミニウムイオンが溶けだすのは土の水の pH (水素イオン濃度の対数の絶対値) で5以下である．ここまで酸性になるには他にも仕掛けがあ

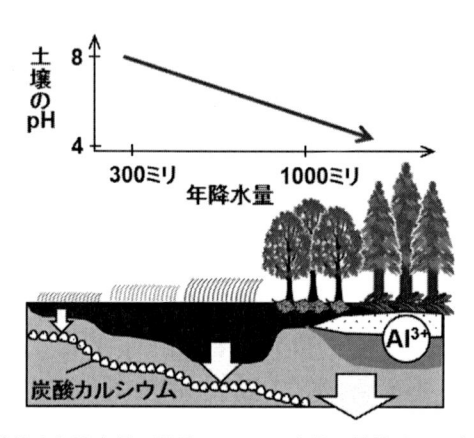

図1　土の酸性度と降水量の関係 (アメリカ大陸の乾燥地から森林を例に)．

る．一つは酸性雨である．雨水には大気中の二酸化炭素が溶けこみ，pH 5.6 程度の弱酸性の水になる．産業革命以降，硫黄を含む石炭の燃焼によって硫酸を含んだ"酸性雨"が降り注いだ．1960～70 年代のヨーロッパでは酸性雨による樹木の枯死被害も報告された．氷河堆積物を材料とする砂質土壌はもともと酸性が強く，酸性雨の影響が顕在化しやすかった．一方，火山灰を材料とする土壌が広く分布している日本の森では酸性雨の影響は顕在化していない．火山灰は鉄やアルミニウム，マグネシウムなど中和にはたらく成分を多く含み，土壌に含まれるアルミニウムや鉄の酸化物・水酸化物には水素イオンの増加を相殺する性質がある．この高い酸を緩衝する能力のために，酸性雨だけでは土の pH は変化しにくい．

土をさらに酸性にするのが植物だ．植物はカリウムやカルシウムなどの陽イオンをリンなどの陰イオンよりも多く必要とする．植物は細胞内の荷電バランスを保つため，根から水素イオンを放出する．その量は酸性雨よりも大きい．落ち葉のように植物遺体が土に還るなら，陽イオンの収支もやがては釣り合う．しかし，有機物の分解のさなかに有機酸や炭酸の解離，硝酸化成によって酸が生産され，陽イオンが下方へ運ばれる．これによって表土の pH は 5 以下まで低下する．

水の中の水素イオンは，土粒子のマイナス荷電に引き寄せられる．しかし，反応性の高い水素イオンは鉱物を破壊し，アルミニウムを溶かしだす．この結果，マイナス荷電に吸着するアルミニウムイオンが増加する．この一部は水に溶けだし，植物に吸収されたアルミニウムイオンはアジサイの花を青色に染めている．

アルミニウムイオンが多量に溶けだすと，根の成長を阻害し，作物の生育に害を及ぼす．さらに，酸性条件ではリンが水に溶けにくくなり，植物に十分な量が供給されない．ひどい場合は枯れてしまう．アジサイや森の樹木はクエン酸などの有機酸とアルミニウムと結合させることで解毒できるが，作物はこのような能力が低い．作物栽培には土が酸性にならないような管理が必要となる．

湿潤地の農業ではもともと土が酸性になりやすい上に，収穫物の持ち出しや窒素肥料(特に硫酸アンモニウム)の硝酸化成によって急速に酸性化が進行してしまう．土壌酸性化を加速する人間の影響は無視できない．過剰な酸を中和するためには，計画的に石灰(炭酸カルシウム)や弱アルカリ性の堆肥を施用する必要がある．焼畑農業ならば植物の灰によって，戦前までの日本ならばし尿の農地還元によって畑地土壌の酸性化を緩和してきた．灌漑水を導入できる水田農業も酸性土壌の改良に有効である．アジサイのように酸性土壌とうまく付き合いたいものだ．

5-11 硝酸態窒素の畑土壌からの溶脱と地下水汚染

前田 守弘

■ ■ ■

　硝酸態窒素濃度の高い水を乳幼児が摂取すると，血液の酸素運搬能力が失われ，酸欠になる疾患(メトヘモグロビン血症)が生じることがある．また，窒素はリンと並んで，湖沼などにおける富栄養化の原因物質である．硝酸態窒素の排出源のひとつとして，化学肥料や堆肥を過剰施用した野菜畑があげられる．畑地における施肥と窒素溶脱にはどのような関係があり，どんな対策をとればいいのだろうか？

◯ 硝酸態窒素による地下水汚染の現状

　水道水源を保護する観点から，地下水の硝酸態窒素基準値は，亜硝酸態窒素と併せて 10 mg/L と定められている．全国の基準超過率をみると，過去 10 年間でやや減少傾向にあるものの，平成 25 年度で 3.3%である．県別では，千葉県の 15.1%を最高に，香川県，茨城県，群馬県，埼玉県と続き，野菜栽培が盛んな関東地方で高い傾向にあり，環境と調和のとれた農業の推進が求められている．

◯ 畑土壌からの硝酸態窒素の溶脱

　作物の施肥窒素利用率は平均で 50%程度であるといわれており，作物に吸収されなかった余剰窒素は地下水などに移行する．畑地に施用された窒素肥料は数週間で硝酸態窒素に変化する．一方，土壌は一般に負荷電を有しているため，陽イオンであるアンモニア態窒素は吸着するが，陰イオンである硝酸態窒素は吸着せずに地下浸透しやすい．図1は，化学肥料区，豚ぷん堆肥区，無肥料区を設け，スイートコーンやハクサイを栽培した関東平野の黒ボク土畑で，深さ1mの土壌溶液中硝酸態窒素濃度を調べたものである．化学肥料区では，試験開始から約1年半後に施肥の影響が現れ，その後は 40〜60 mg/L で推移した．土壌溶液の環境基準値はないが，そのまま地下水に流入すると汚染につながる．一方，豚ぷん堆肥を施用すると，最初は無肥料区と同レベルの濃度だが，4年目以後徐々に上

昇して6年目には化学肥料と同レベルになった．これは，堆肥を連用すると，土壌に蓄積した窒素が徐々に無機化し，その一部は作物に吸収されず，硝酸態窒素として溶脱するためである．このように，化学肥料，堆肥を問わず，作物に吸収されない窒素はいずれ地下水を汚染する可能性がある．

○ 硝酸態窒素の溶脱量を少なくする対策

畑地における硝酸態窒素溶脱量を低減するには，① 肥培管理法の改善，② クリーニングクロップの導入，③ 有機物管理の適正化などの対策がある．

① 肥培管理法の改善

肥料の窒素利用率を高め，施肥量を低減できる技術として肥効調節型肥料の使用が推奨されている．また，側条施肥や局所施肥など作物が吸収しやすい箇所に肥料を施用する方法がある．その他に，マルチ被覆も水の浸透量を減らして窒素溶脱を低減する効果がある．

② クリーニングクロップの導入

果菜類や葉菜類は収穫直前まで窒素を必要とするため，収穫後に土壌中に硝酸態窒素が残存しやすい．ビニルハウスでは休閑期に除塩が行われ，その際に硝酸態窒素窒素が溶脱する．図2は，ナスの収穫後にクリーニングクロップとしてトウモロコシを栽培することによって窒素溶脱量が低下した事例である．次の作付け前にクリーニングクロップをすきこめば緑肥としての効果も期待できる．

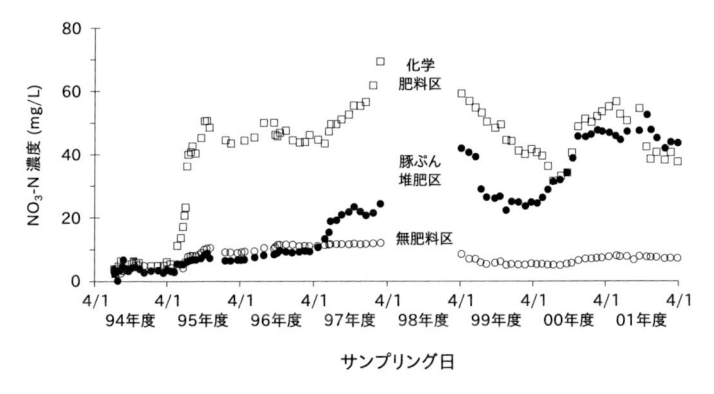

図1 異なる肥培管理における深さ1 mの土壌溶液中硝酸態窒素濃度 (前田 (2007)[1]) を一部改変).

③ 有機物管理の適正化

堆肥などの有機物は土壌物理性の改良資材として用いられてきた．しかし先述のように，連用によって窒素の無機化量が増大すると，作物が吸収しきれずに溶脱量が増加する．有機物を施用する場合，長期にわたる窒素無機化パターンを考慮したうえで施用量を決めることが大切だ．

文　　献

1) 前田守弘 (2007). 農業生産における有機性資源に関連した窒素負荷の現状と今後の課題. 水環境学会誌, **30**(7), 337-342.
2) 前田守弘・仲宗根安弘・岡本啓史・浅野裕一・藤原拓・永禮英明・赤尾聡史 (2012). クリーニングクロップ導入によるナス施設栽培休閑期における栄養塩溶脱負荷の削減. 土木学会論文集 G(環境), **68**(7), III_103-III_111.

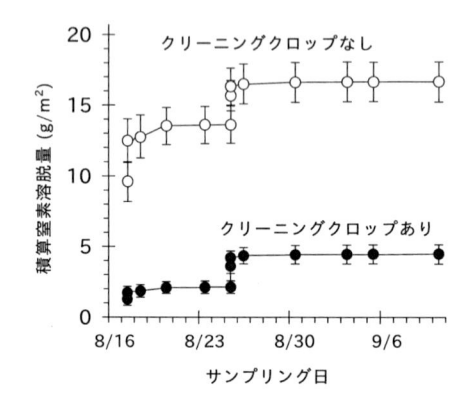

図2　クリーニングクロップ導入によるナス休閑期の窒素溶脱量低減 (前田ほか (2012)[2)]を一部改変).

第6部

多様な生物と土

6-1 植物の多様性を支える土壌

平舘 俊太郎

■ ■ ■

○ 土壌が植物の分布に影響を与える！？

　私たちの身のまわりでは，何らかの植物が土に根を張って生きている．それは，作物や街路樹のように人の手によって植え付けられたものもあれば，野草や雑草のように人の手を借りずに自然に分布しているものもある．自然に分布している植物たちについて，「彼らは無秩序に生育場所を決めているわけではなさそうだ」と思ったことはないだろうか．例えば，ある植物は毎年決まってある場所に現れるが，その植物が他の場所に分布を広げるようなこともなければ，他の植物にその生育場所を奪われるようなこともない，といったケースである．まるで，その植物はそこで生育しなければならない理由があるかのように．実は，こういった現象には，土壌が深くかかわっている．

○ 個性的な植物たち

　植物は種ごとに独特の個性をもっており，花や葉の形態などによって区別することができる．これらの個性は遺伝情報として予め体内に組み込まれているものであるが，外見的な形態に限らず，生理的特性など目に見えない部分にも及んでいる．植物がどのような土壌環境を得意としているかといった特性も，植物がもつ個性のひとつである．わかりやすい例として，土壌水分が低い状態に適応しているサボテンや，土壌中の塩濃度が高い状態に適応している浜辺の植物などをあげることができる．植物の生育に影響を与える土壌特性としては，土壌水分や塩濃度のほかに，土壌 pH (土壌の酸性度あるいはアルカリ度) や土壌養分の状態などをあげることができる．個性的な植物たちは，土壌特性の微妙な違いを感じ取り，自分にふさわしい場所を見つけてそこに生育しつづけたとしても不思議ではないだろう．

○ 個性的な土壌

　植物が個性的であることと同様に，実は土壌も大変個性的である．ひとつの場

所に存在している土壌の特性は独特であり，同じ特性をもつ土壌は他には存在しないといわれるほどである．特に日本では，土壌生成因子(母材，地形，気候，時間，生物，人為)の内容が多様であるため，植物栄養分を保持・供給する能力，保水性，土壌有機物含量といった土壌特性も多様である．とはいっても，温暖で湿潤な日本の気候下では，多くの土壌は酸性でかつ植物栄養分に乏しい状態になりやすい．これは，豊富な降雨の浸透によって土壌中に含まれる塩基類 (Ca^{2+}, K^+, Mg^{2+} など) が溶脱し，かわりに雨水中に含まれる酸 (H^+) が土壌中に保持・濃縮されるためである．少なくとも，人為的に土壌特性を改変する技術が開発された近代以前は，日本の土壌の大部分は酸性で貧栄養であった．

日本では，鎖国が終わり明治時代に入ると，農業生産性を向上させるために化学分析に基づく土壌診断が行われ，その診断結果を受けて化学肥料や石灰資材などが土壌へ投入されるようになった．特に，第二次世界大戦後経済復興を遂げ購買能力が高まると，肥料や資材の施用が一般に普及し，土壌酸性の緩和および土壌中の無機栄養分(特にリン酸)の富化が顕著になった．このような肥料や資材の投入は現在まで続いており，場所によっては必要以上の投入が慢性的に続けられているケースもある．

近年は，農業活動以外の人為によっても土壌特性が大きく改変されるようになった．例えば，道路工事では起伏の少ない直線的なルートにするために切土や盛土が施されるようになった．切土や盛土は，住宅地や工場などの敷地を造成する際にも一般的になった．土壌特性は表層土と下層土では大きく異なることが多いため，土壌を移動すれば，元の場所でも移動した先でも，土壌特性は変化してしまう．また，近年はビルの取壊しなどによって生じたコンクリート廃材を土壌に混ぜることにより処分することも多くなった．コンクリートには多量のアルカリ性物質が含まれているため，これらが多量に混入された土壌はアルカリ性となる．

このように，日本には従来環境の影響を強く受けた酸性で貧栄養な土壌もあれば，人為の影響を強く受けたアルカリ性で富栄養な土壌もある．こういった土壌特性の違いは，私たちの肉眼で見分けることは困難だが，土壌に根を張る植物たちにとってはその違いを感じ取ることはそう難しいことではないようだ．

○ 土壌の違いを感じ取る植物たち

草本植物の分布と土壌特性の関係を調べてみると，土壌の酸性度と有効態リン

酸 (植物が吸収しやすいリン酸) に応じて分布が変わる植物種がいくつか浮かび上がってきた．例えば，ミツバツチグリとツリガネニンジンは酸性が強くかつ有効態リン酸が低い土壌に，セイタカアワダチソウとシロツメクサは酸性が弱くかつ有効態リン酸がやや高い土壌に出現しやすい傾向がある (図 1)．これらの二つのグループが同じ場所に出現することはまれであり，どちらのグループが出現しやすいかは，土壌の酸性とリン栄養状態に大きく依存しているといえる．

面白いことに，前者の 2 種は明治時代よりもはるかに古い時代から日本に根付いていた在来植物であり，後者の 2 種は 19 世紀以降に人為的に日本に持ち込まれた外来植物である．そして，前者の 2 種は日本の従来環境の下で生成した土壌に分布しやすいのに対し，後者の 2 種は人為による改変を受け最近になって出現し始めた土壌に分布しやすいという結果は，植物分布と土壌特性との間の因果関係を連想させる．つまり，近年蔓延が問題となっているセイタカアワダチソウやシロツメクサは，最近の土壌環境の変化を受けて分布を広げるようになったのではないだろうか．そして，最近，ミツバツチグリとツリガネニンジンを見なくなっ

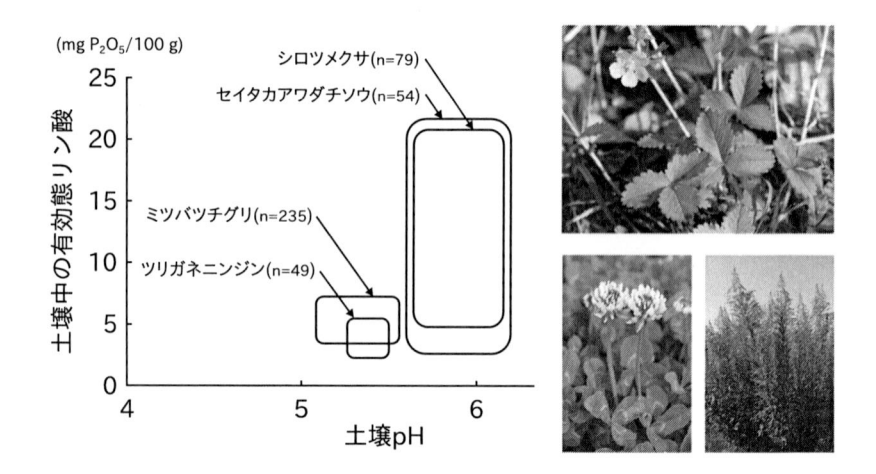

図 1　土壌特性と植物分布の関係．日本全国の草原植生を対象に，4 種の植物について，これらが出現した地点の土壌 pH および土壌中有効態リン酸 (Bray II P) を調査し，それぞれの種のうち中央値に近い 50 ％が出現した範囲を図中に示した．写真は，ミツバツチグリ (上)，シロツメクサ (左下)，セイタカアワダチソウ (右下)．

たのは，日本の従来環境の下で生成した土壌の特性を引き継ぐような場所がなくなっているからではないだろうか．

実は，セイタカアワダチソウもシロツメクサも，環境省によって要注意外来生物としてリストされており，生物多様性に対して悪影響を及ぼす危険性があるとして注意が喚起されている．これらの外来植物は，在来植物の生育場所を奪ってしまうような侵略的性質をもっているが，図1からは，こういった特性が発現されるのは主に人為的に土壌酸性が弱められかつリン栄養が外から加えられた場所であると考えられる．

逆に，従来からの土壌特性が維持されている場所では，これらの外来植物は蔓延しにくく，ミツバチグリやツリガネニンジンが出現しやすい環境になると考えられる．これらの在来植物は，従来からの土壌環境のもとで自然淘汰を受けながら進化してきたと考えられ，従来からの土壌環境に対してより適応していると考えられる．

これらのことから，土壌特性には日本の植物の多様性を培ってきた側面があることが理解できるだろう．そして，その土壌特性を本来あるべき姿として維持・保全することが，日本の植物の多様性をあるべき姿に保つために重要であると理解できるだろう．

土壌特性は，その土地の利用法や管理法によって大きな影響を受ける．また，土壌特性は植物の分布に対して大きな影響を与える．すなわち，管理・利用法→土壌特性→植物分布，という関係性がある．土壌特性−植物分布間の関係性の強さは植物種によって異なるが，大なり小なり関係性は存在する．これらの関係性を明らかにすれば，分布している植物の種類を調べることによって土壌特性を推定することも可能になるだろうし，土壌を適切に管理することによって土壌特性をコントロールし，これによって植生をコントロールしたり外来植物の蔓延を防止したりといった応用面も期待できる．

土壌は単なる生産のためのツールではなく，私たちの身近な自然を支え培ってきた存在であり，その理解は生態系や生物多様性の理解にも通じている．自然環境が土壌生成に深くかかわっていることと同様に，土壌そのものも現在私たちが目にしている自然環境に深くかかわっていることを理解していただければ幸いである．

6-2 見えない微生物を見る

龍田 典子

■ ■ ■

　土壌中には，目に見えない微生物がたくさん生きている．土の中の微生物はどこに，どれくらい存在しているのか？ ミクロな世界を紹介する．

○ 土壌中の微生物の数と住みか
　微生物とは，肉眼では見えない大きさの生物の総称である (一部，肉眼でみえる大きさの微生物もいる)．細菌やアーキア (古細菌ともよばれる) は 0.5〜2 μm くらいの大きさであり，カビ (糸状菌) や酵母などの真菌は 5〜10 μm ほどである (カビの菌糸やキノコは肉眼でも観察できる)．これらの微生物は土壌 1 g にどれくらい存在しているのであろうか？ 土壌中の微生物の数は，固体や液体の培地を使用する培養法や何らかの色素で細胞を染色して顕微鏡下で計数する直接計数法により測定することができる．最近では，DNA や遺伝子の量から微生物の数を推定する手法も発達している．これらの方法で土壌中の微生物を計数すると，細菌が最も多く，培養できるもので 10^7〜10^8 個/g (1000 万〜1 億)，培養できないものを含めると 10^9〜10^{10} 個/g (10 億〜100 億) にも達する (図 1)．糸状菌の菌数は細菌より少なく 10^5〜10^6 個/g ほどであるが，糸状菌は細胞が大きいため，バイオマスとしては細菌より大きな比率を占めることもある．一般的に，畑土壌に比べて水田土壌や森林土壌のほうが細菌の数は多いといわれる．また，有機物がたくさん含まれる肥沃な土壌ほど，その菌数は多い傾向にある．森林土壌では，有機物が豊富な表層 (A 層) の細菌数は有機物が少ない下層 (C 層) の数倍から数十倍になる．
　これほどたくさんの微生物は，土壌中のいったいどこに生息しているのだろうか？ 土壌は団粒構造をなしているが，この団粒にはミクロ団粒とマクロ団粒が存在し，それぞれの団粒間には大小様々な大きさの空隙が存在している (詳細は 3-6 を参照)．これらの空隙や土壌粒子の表面に種々の微生物が生息している．土の中には無数の土壌粒子があるため表面積が大きく，微生物にとって広大な住みかとなっている．

微生物は土壌中で均一に存在しているわけではなく，その菌密度は場所によって大きな差がある．植物の根の周辺の土は根圏とよばれ，それ以外の場所(非根圏)とは区別される(詳細は6-5を参照)．根圏では，地上部でつくられ根から分泌された光合成産物や植物根からの脱落細胞などの有機物が豊富なため，微生物の密度は非根圏と比べるとはるかに大きい．また，動植物遺体の周辺にもたくさんの微生物が存在している．

○ 培養できない微生物

土壌中の微生物は物質循環に大きな役割を果たしているが，培養できるものはごく一部であることがわかっている．しかし，培養できない微生物は死んでいるのではなく，様々な代謝活性をもって生きている．細胞のエステラーゼ活性を検出する手法を用いて土壌中の細菌を染色し計数すると，培養法で得られる菌数の数十倍〜数百倍の値となる．また，細菌の増殖に必要な基質と細胞分裂を阻害する薬剤とを土壌試料に添加し一晩培養すると，肥大伸長した細胞を多数観察することができる．このような増殖機能をもつ細菌は，顕微鏡で見える細菌全体の2〜4割になる．

このように土壌中には培養できない微生物が多く生息している．近年，それらの微生物を含めて解析できる手法が発達し，これまでに知られていなかった微生物の存在が明らかにされている．詳しくは6-3を参照されたい．

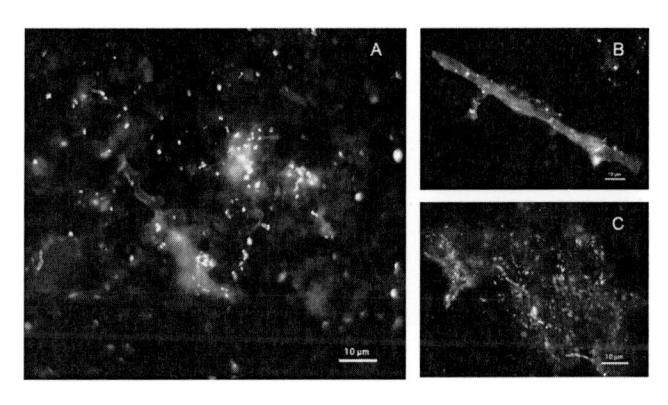

図1 土壌中の生きている細菌の顕微鏡画像．図中の白い点のように見えるものが生きている細菌．A：森林土壌中の細菌，B：糸状菌菌糸とそれに付着している細菌，C：有機物に群がる細菌．

6-3　ゲノム解読からみえてくる土壌生物の姿

西澤　智康

　土壌は岩石の物理的あるいは化学的な風化作用によって細かくなった物質ではない．気候や地形といった環境条件と生物 (微生物) の相互作用によって徐々に変化した鉱物 (無機物) と腐植などの有機物が凝集した複合体である．この複合体に何らかの形で微生物はすみつき，他の土壌生物とかかわりをもって地球 (生態系) に生息している．一般的に土壌微生物として，原核生物の細菌やアーキアと真核生物のカビ (糸状菌)・酵母類があげられる．多くの原核生物は土壌中の有機物を利用して活動し，また一部の真核生物は植物などと共生関係を形成して土壌–根圏間で活動することにより土壌の物質循環を担っている．このような資源の獲得をめぐって土壌微生物は，生存に必要な遺伝子を身につけ，ときにはその遺伝子を変異させて多様な土壌環境に適応していると考えられる．従来の研究では，分離・培養できた微生物を主に対象としてきた．しかし，培養可能な土壌微生物は非常に少なく，実際にはほとんどが培養困難であるため，それらが土壌環境中で発揮する生命現象の実体は明らかとなっていない．そこで，未知・未培養な微生物であっても土壌ゲノムの網羅的な塩基配列 (シークエンス) 解読を進めることにより，ゲノム情報と土壌学とを結びつけて微生物がもたらす機能を解き明かそうとしている．

○ 大量ゲノム情報解読の時代

　環境中での微生物の構成は，その環境から抽出した微生物ゲノム DNA の遺伝子情報を利用し，そのシークエンス解読に基づき評価できる．2004 年，Tyson らは Nature 誌で微生物群の複雑性が低い試料として，鉱山廃水中の細菌バイオフィルム由来のゲノム断片解析を報告している．複数種が混在するゲノムであっても，ショットガン法でクローン化したゲノム断片の大量 DNA 配列解読から優占種のゲノム情報を見いだしてアセンブルすれば，一つの細菌ゲノムを再構成できると考えたのである．このように環境由来のゲノム解読で微生物ゲノムを再構築する

ことが可能となれば，特定の環境中に生息する微生物の生理生態的な特徴が推定できる．また，PCR (ポリメラーゼ連鎖反応) 法で増幅した断片の大量塩基配列決定 (PCR アンプリコン解析) は，微生物群集がつくりあげている集団システムの解明の手がかりとなる．例えば藤村らは，2000 年に噴火した三宅島雄山の無機物が主体で有機物の乏しい新鮮火山灰堆積物に着目して，初成土壌微生物群集の構造や遷移を明らかにしている．

2000 年代初め，従来のサンガー法とは全く異なる原理に基づく塩基配列決定法が登場し，次世代型のシーケンシング法が開発された．膨大な塩基配列を比較的短時間に決定できるようになったため，微生物ゲノムの全体もしくは断片的な塩基配列を決定するという環境ゲノミクス研究が始まった．また同時に，第二世代ショートリードシーケンサーによって得られた多くの生物の遺伝情報を解明するためのバイオインフォマティックス解析技術も発達した．ゲノム解読技術において革命的進歩がもたらされる可能性がある一分子リアルタイムシーケンサー (超ロングリード) は，さらにゲノム情報量を飛躍的に膨らませるであろう．ゲノム解析で収集した大量のデータには何とも不可思議なデータが混ざっていたりしているので，有用なパターンや規則性を発見するためのデータマイニングが必要で，バイオインフォマティックスもさらなる発展が必要である．

○ 微生物ゲノム情報のフル活用

分子遺伝学的手法ならびに遺伝子情報解析技術の発達にともなって膨大なゲノム情報が容易に手に入るようになり，生物学の研究全体に大きな影響を与えた．土壌学の分野においても例外ではなく，ゲノム情報を活用して土壌機能の生態学的現象に迫る研究が数多く行われている．ところで，微生物ゲノム解析が日常的となった 2010 年代，微生物の遺伝子獲得と喪失の履歴をゲノムレベルで比較すると微生物ゲノム解読の興味深い一面がみえてくる．最近，畑などの土壌に生息する糸状菌 (クサレケカビ) の菌糸に内生している細菌のゲノム解析から，その細菌がもつエネルギー代謝経路や生理生態的特徴を推定することができた．その結果，内生細菌を分離培養することに成功した．すなわち，微生物の機能予測のためのゲノム解読は，はかりしれない潜在能力をもっている．生物の環境適応の成果を表すゲノム配列は，私たちに微生物たちの真の姿を語ってくれるのかもしれない．

6-4　水田は微生物多様性の宝庫

池永　誠

■　■　■

　水田は私たち日本人の主食であるコメの生産現場である．水稲生育中の水田に目を向けると，田面水中には多数の小さな生物が生息している．水田には田面水以外にも，様々な生息部位があり，物質循環に役立っている．とりわけ，水田は土壌が湛水されるため，微生物のはたらきによって酸素が消失し，次第に嫌気的な環境が形成されていく．一方で，その中を水稲根が伸長し生育に必要な養分を吸い上げていく．畑とは異なるこの独特な環境に目を向け，微生物の多様性を覗いてみよう．

○ 様々な生息部位における微生物の多様性

　水田にみられる微生物の主な生息部位として，土壌，施用有機物，水稲根，田面水，浸透水，水生生物などがあげられる．これらの部位に生息する微生物を細菌に着目してみると，アクチノバクテリア，ファーミキューテス，プロテオバクテリア（$\alpha, \beta, \gamma, \delta$），バクテロイデーテス，など，門や綱レベルで多様な細菌群が認められる．これらは一様に水田に生息しているのではなく，生息部位ごとに特徴がある．例えば，土壌や施用有機物では，門レベルで比較的多様な細菌群が認められている．他方，田面水，水生生物や水稲根では，限られた門の細菌群しか見いだされていない．生物の分類は上から，ドメイン→門→綱→目→科→属→種の順で，細菌はアーキア，真核生物と並んで独立したドメインを構成し，20以上の門に分類される．門レベルの違いとは，動物と植物ぐらいの違いに相当する．門とそれに次ぐ綱以下には，さらに多種で多様な機能を有する細菌が含まれている．このことを考慮すると，水田には多様性の宝庫ともいえるくらいの細菌が生息しているといえる．

○ 各部位における微生物叢の動態

　湛水期間中の作土層には水稲根が伸長発達する．また，水稲生育と相まって，作土層の嫌気化は進行していく．嫌気化の進行具合でその場の環境に応じた微生物が物質循環に関与して，分解物を水稲根が吸い上げて生育する．嫌気化は段階

的に進行するため，逐次還元といわれているが，実際に作土層や施用有機物における微生物叢を経時的に調べてみると，その変化は小さく差異のわかりにくいことが多い．一部の細菌について経時的な変化は認められるものの，微生物叢としての差異は，むしろ部位の違いによる方が大きい．つまり，各部位における微生物が水田における物質循環に寄与することで，水稲の生長に重要な役割を担っていると考えられる．

○ 水稲の生育に対する微生物の役割

作土層中に伸長発達した水稲根の周囲には，根から分泌される有機物や酸素によって，根圏とよばれる環境が形成される．根圏微生物の数は非根圏に比べて多くなっており，根面に近づくほど顕著である．しかし，根圏では作土層の微生物が一様に増加するのではなく，作土層に比べて多様性はシンプルで微生物叢も異なっている．例えば，生育初期の水稲における根面では，窒素固定菌など水稲の生育に関与する微生物が多く認められている．また，根圏や根面の微生物の一部は水稲内部に入り込み，内生菌として水稲の生育に重要なはたらきを担っている．水稲自身が生育に必要な微生物を多様性に富んだ水田からリクルートしているともいえる．近年は微生物叢を網羅的に解析する手段として次世代シークエンスが威力を発揮している．水田各部位には私たちがまだ見出していない微生物が生息していると考えられ，今後さらに多様な微生物が見いだされると予想される．

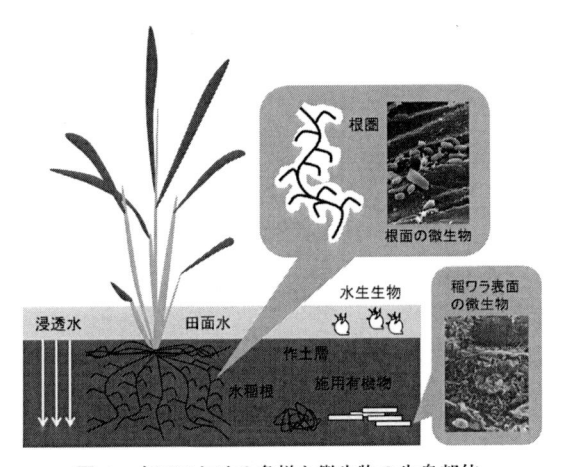

図1 水田における多様な微生物の生息部位．

6-5 小さいながらも大きなはたらき
―土壌微生物をバイオ肥料として利用する―

伊藤 (山谷) 紘子・鈴木 創三

∎ ∎ ∎

　土壌微生物の中には大気中の窒素ガスを肥料に変えたり，土壌中に固定されて植物が利用できない養分を肥料に変えるはたらきをもつものがある．バイオ肥料はこのような微生物を種子・根・土壌などに接種して植物の生育を促進する．この特性を活かし，化学肥料の一部をバイオ肥料に置き換えて化学肥料の量を減らし，環境負荷が少ない栽培技術につなげることが期待されている．ここでは，窒素，リン酸のバイオ肥料として利用されている「根粒菌」と「アーバスキュラー菌根菌(以後，菌根菌)」，さらに新たなバイオ肥料の開発について紹介する．

○ 空気から肥料を――根粒菌とマメ科植物との共生――

　根粒菌はマメ科植物の根に根粒をつくり，大気中に 80 % もあるガス状の窒素を植物が利用できる形であるアンモニア (NH_3) に変えて (還元して)，共生する宿主のマメ科植物に与えることができる (共生窒素固定)．このため古くからダイズやクローバーのように根粒菌と共生するマメ科植物は土地を豊かにする作物，肥料の役割が大きい作物として，輪作や緑肥，植生回復に利用されてきた．現在行われている化学的な方法 (ハーバー・ボッシュ法) では，大気中の窒素に水素を加えて 500 ℃，200〜300 気圧の条件で反応させてアンモニアを合成するために多量のエネルギーを使用する．これに比べて，根粒菌による共生窒素固定は常温・常圧で反応が進む低エネルギー反応でありながら，その窒素固定量は化学肥料の年間生産窒素量 (9000 万トン) にほぼ匹敵すると推定されている．

　根粒菌が宿主となるマメ科植物の根に根粒をつくり，共生窒素固定を行うまでには，多数の遺伝子が関与する様々なシグナル伝達機構がある．また，根粒菌には特定の宿主としか共生しない宿主特異性という相互作用があり，根粒数や共生窒素固定を行う能力は宿主植物により厳密に制御されている．このようなマメ科植物と根粒菌の相互作用に関係する遺伝子やシグナルを調べ，根粒菌をバイオ肥料として利用できる量を増やせば，養分不足の土地も利用できるようになる．

○ 根よりも細い菌糸で根の届かない土壌中のリン酸を吸収—菌根菌の細胞内共生—

リン酸は窒素, カリウムとともに植物が多量に必要とする元素である. しかし土壌中のリン酸は土壌粒子に強く吸着したり溶けにくい塩となるために, 植物根の周囲ではリン酸が欠乏することが多い. 菌根菌は, ほとんどの植物と共生して宿主の植物の根の細胞の隙間に袋のような嚢状体 (vesicle) を, 根の細胞内に木の枝のような樹枝状体 (arbuscule) をつくり, 宿主植物からの光合成産物を受けながら根よりも細い菌糸 (菌根) を伸ばして, 根が届かない所の土壌の養分 (特にリン酸) を吸収する. この菌のバイオ肥料としての効果は根のまわりのリン酸が少ない土壌で大きく, 同じ菌に感染した植物どうしではつながった菌根を通して養分が移動することも知られている. リン酸肥料をすべて輸入しているわが国では, リン酸肥料の使用量を減らすために, 土壌のリン酸の量に応じた菌根菌の接種法や, 有用な菌根菌を増殖させる作物の探索などの研究が行われている.

○ 植物生育促進作用をもつ土壌微生物—新たなバイオ肥料の探索—

近年, 植物生育促進効果がある土着土壌微生物の探索が盛んに行われている. 2008 年に東京農工大学内の土壌から単離した植物生育促進効果のあるバチルス属細菌は, 水稲栽培において肥料を 30 % 減少させ, 今後のバイオ肥料として有望視されている. このように, 有用な土着土壌微生物を単離し, 性質を明らかにして利用することで, 化学肥料や農薬に頼らない「生態系に適合した農業」を行うことができる. 土壌の中にあるきわめて小さいながらも大きなはたらきをする微生物を, バイオ肥料として利用する研究が今後も求められる.

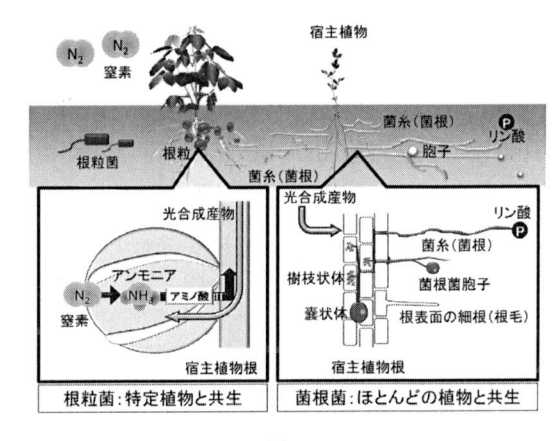

図 1

6-6　土壌酸化還元境界の微生物ダイナミズム

村瀬 潤

■ ■ ■

　湿地や水田の土壌は，表面が水に覆われることで独特な環境となる．そこは熱力学の法則によって支配されるあらゆる酸化還元プロセスの連続帯である．

○ 土壌が水に覆われると…

　土壌表面が水に覆われると，大気からの酸素供給が制限され，土壌表層数 cm から数 mm にかけて急激な溶存酸素の濃度勾配が形成される．では，その下の無酸素状態の土壌は，生命活動のない死の世界なのだろうか？ とんでもない！ 38 億年にも及ぶ微生物の歴史を裏付けるかのように，土壌中にはきわめて多様な微生物が生息している．人は酸素なしでは生きられないが，微生物の中には酸素以外の酸化物質 (電子受容体) を使って呼吸する種も多数存在している．電子受容体は，酸化還元電位が高い，つまり得られるエネルギーが高い反応順に利用される．例えば水田土壌では硝酸イオン (NO_3^-)，酸化マンガン，酸化鉄，硫酸イオン (SO_4^{2-}) の順に呼吸によって還元される．そして，最終的に CO_2 が還元されるメタン (CH_4) 生成に至る (図 1 左図)．海洋・湖沼の堆積物では，この一連の反応は，酸素の給源から近い表層から深層に向かって空間的に連続分布する．

○ 還元物質の再酸化

　嫌気呼吸により生成した電子受容体の還元物質 (Mn^{2+}, Fe^{2+}, S^{2-}, CH_4) は，呼吸における有機物と同じ，電子供与体としての役割を果たす．これらの還元物質が拡散によって酸化還元境界層に到達すると，酸素との反応によって化学的あるいは生物的に酸化される．還元物質の再酸化は，土壌中での元素循環にとって重要である．また，温室効果ガスとして知られるメタンの酸化は，その大半が酸化還元境界層で起こっており，大気への放出を抑えるフィルター機能を果たしている．

　還元物質の再酸化は，実は酸素との反応だけに限らない．酸化還元反応は，電位の高い反応の電子受容体と電位の低い反応の電子供与体のカップリングにより

進行する．酸素が他の物質(電子受容体)を酸化しやすいのは酸素の還元反応の酸化還元電位が他に比べて高いからである．熱力学の法則に則れば，酸素がない環境で進行する酸化還元反応が他にも存在するはずである．実際，この理論に基づいて嫌気状態の土壌で様々な酸化還元反応が検証・発見されている(図1右図).

以上のように湛水土壌の酸化還元境界層では，同じ元素を酸化してエネルギーを得る微生物と還元してエネルギーを得る微生物が共存している．酸化還元反応の組み合わせは多様であり，そのほとんどに微生物がかかわっている．複数の反応を行うマルチタレントな微生物もいるが，たいていの場合，特定の反応にスペシャリストがその役割を担っている．こうした微生物の酸化還元反応は，トータルでみると酸素と有機物，つまり光合成に支配されているともいえるが，水中や土壌表面には光合成を行う微生物(藻類)が生息しその両方を供給している．その他，呼吸ではなく発酵によってエネルギーを獲得する微生物や，他の微生物を捕食する微生物などが生息し，複雑な微生物間の相互作用が生み出されている．このような酸化還元境界層の微生物ダイナミズムは，湛水土壌の表面だけでなく，そこに生える水生植物の根のまわり(根圏)にもみることができる.

地球のごく表層を覆っている土壌が地球上のすべての生命にとってかけがえのない存在であるように，この厚さたった数mmの酸化還元境界層は，多様な微生物活動と物質循環を支える要といえよう．

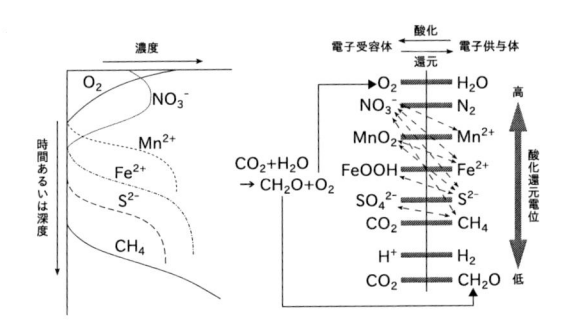

図1 湛水土壌の酸化還元反応にかかわる物質の時空間的分布(左図)とその酸化還元反応(右図)．呼吸は酸化還元電位の高い O_2(電子受容体)の還元と電位の低い有機物(CH_2O, 電子供与体)の酸化のカップリング反応である．無酸素環境であっても，電位の高い電子受容体と電位の低い電子供与体の酸化還元反応が様々な組み合わせで起こる(右図破線).

6-7 微生物がサトウキビを大きくする，ってほんと？

宮丸 直子

■ ■ ■

　沖縄の農村風景をイメージしてみると，そこに浮かんでくるのは水田ではなくサトウキビ畑である．夏はさんさんと輝く太陽の下，サトウキビがざわわ，ざわわと風に揺れている．冬はサトウキビの花が咲き，銀色の穂が太陽の光を受けて畑一面が輝いているようにみえる(出穂する品種の場合)．このように，沖縄では夏も冬もサトウキビが畑にある．なぜだろう？ 実は，イネや多くの野菜に比べて，サトウキビの栽培期間は植え付けから収穫まで1～1年半と長いからである．
　この長い栽培期間中の肥培管理とサトウキビ生育について，詳しくみてみよう．春植え栽培で3月に植え付けた場合，植え付けと同時に基肥を施肥し，追肥1回目は4月頃，追肥2回目(最終追肥)は6月頃である．一方，サトウキビの生育は7～10月にかけて生育盛期となり，窒素吸収量も8～9月に最大となる．この時期のサトウキビ草丈は2 mを超えるため，追肥など農作業を行うことは困難である．このように，最終追肥の早さとサトウキビ生育にはミスマッチがあり，通常の化学肥料では施肥窒素の効果を生育盛期まで持続させることは難しい．では，どうしたら生育盛期のサトウキビに十分な窒素を供給できるだろうか．ここで重要な役割を果たすのが「地力窒素」である．
　地力窒素とは土壌から作物に供給される窒素であり，その給源は土壌中の有機態窒素が微生物によって分解され，無機態窒素になったものである．土壌中に堆肥や緑肥などの有機物がたくさんあっても，微生物によって分解されなければ，作物はそこに含まれる養分を吸収することはできない．地力窒素を増やすためには，土壌中の有機物を増やすことばかりでなく，それを分解する微生物の活性を高める必要がある．特に，サトウキビの生育盛期では，地力窒素による養分供給が重要であり，収量を増やすためには土壌微生物の活性が鍵となる．
　土壌微生物の活性は，水分や温度によって影響されるが，土壌pHによっても影響される．細菌や放線菌などの微生物はpH 5.5以下の酸性土壌では活性が低下する．沖縄には酸性土壌が多く，土壌微生物活性を高めるためには酸性矯正が

必要である.そこで,南大東島のサトウキビ畑 (強酸性土壌) で酸性矯正し,矯正後の土壌微生物活性と地力窒素の変化を調べてみた.このとき用いた酸性矯正資材は,石灰岩を粗く砕いたものであり,市販の炭酸カルシウムに比べて酸性矯正効果が長く持続する特徴がある.酸性矯正 2 年半後に,同じ圃場内で酸性矯正をしなかった部分 (pH 4) と酸性矯正をした部分 (pH 7) の作土を比較したところ,酸性矯正によって土壌微生物活性が上がり,地力窒素が増加していた.この間のサトウキビ収量も,酸性矯正した部分では約 15 % 増加した.ところで,南大東島で酸性矯正によってサトウキビが増収したのは,地力窒素が増加したためではなく,酸性矯正そのものの効果かもしれない.そこで,酸性矯正した土壌に施肥窒素を通常量施用した場合と,酸性矯正しない土壌に施肥窒素を 2 倍量施用した場合のサトウキビ生育を比較したところ,両者に差はなかった (ポット試験).この試験結果からも,単純に酸性矯正そのものがサトウキビを増収させるのではなく,微生物活性の高まりによる地力窒素の増加がサトウキビ増収につながったことがわかる.

今回は土壌 pH に着目したが,土壌微生物の活性を高めるためには,① 土壌環境 (水分条件,土の硬さ,養分の過不足など) が良好であること,② 微生物のエサとなる有機物が十分にあることが重要である.土壌微生物が元気な土で,サトウキビは大きく育つのである.

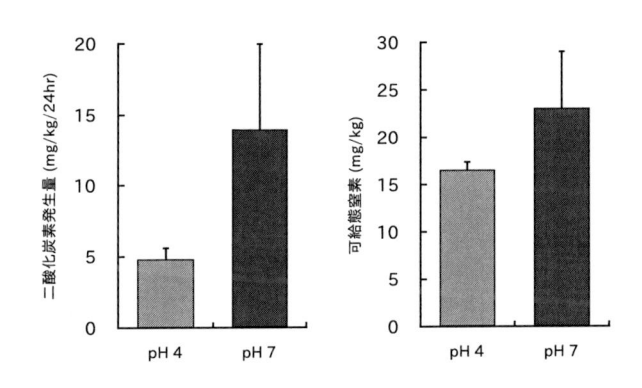

図 1 酸性矯正による土壌微生物活性 (A) と地力窒素 (B) の変化 (土壌微生物活性は土壌呼吸活性,地力窒素は培養 4 週間による可給態窒素).

6-8 食べて食べられお互い大きくなる，ってほんと？

山崎 真嗣

■ ■ ■

○ ニゴロブナの放流でわかったこと

　田植えが始まる時期になると，水田に水が張られ，キラキラと輝く美しい光景が広がる．一見すると心和む光景であるが，水中では水のない時期に水田土壌中に眠っていた水生生物たちが目覚め，生き残りをかけた戦いが始まる．水稲が移植されて間もない頃の田面水は，水稲もまだ小さく，直射日光や天敵に対して水生生物が身を隠す場所が少ない環境である．この時期，植物性鞭毛虫類のユードリナ，繊毛虫類のハルテリア，および微小甲殻類のタマミジンコなど，浮遊する水生生物が優占する．タマミジンコは，体長 1.5 mm 程度で，胸脚を盛んに動かして水流を起こし，餌を濾し集めて口に取り込む．無差別に粒子を濾し集めるので，水中を漂う小さな水生生物にとって脅威の存在である．しかし，タマミジンコにも天敵がいる．

　滋賀県農業技術振興センターの実験水田において，水稲移植後 7 日目にニゴロブナの仔魚 (孵化後 3 日目) を放流し，中干し直前までの間，水生生物相がどのように変化するのかを調査した[1]．ニゴロブナは，琵琶湖の固有亜種であり，滋賀県の郷土料理である鮒寿司の材料である．毎年，滋賀県各地の水田で，琵琶湖への放流サイズ (20 mm) になるまで育てられる．調査の結果，ニゴロブナの存在によって，タマジンコが減少し，植物性鞭毛虫類のユーグレナやハルテリアが増加した．ニゴロブナの腸内を調べたところ，孵化後 10 日目まではタマジンコやゾウミジンコを主食としていることが判明した．このことから，タマミジンコが減少した理由はニゴロブナによる捕食圧であると確認できた．一方，なぜユーグレナやハルテリアが増加したのであろうか．その理由は，タマミジンコがいなくなったことによって，ユーグレナとハルテリアが，タマミジンコに食べられずにすんで，十分に増殖できたためである．

○ ウエクチクサリヒメウズムシの食生活

湛水期間後半の田面水中は，水稲が十分に繁茂し，繊毛虫類のディレプタス，腹毛動物のイタチムシ，および扁形動物など，水稲の表面を這う水生生物が優占する．開花期以降の水稲株周辺で多く見つかる扁形動物のウエクチクサリヒメウズムシ (Stenostomum simplex) は，体長1mm程度で，新幹線のような形状をしており，新幹線のフロントガラスに相当する部位に口が存在する (図1[2])．飼育下では，上方に開いた口で，浮遊する繊毛虫のハルテリアを次々に吸い込む．壁面を這う繊毛虫を食べる際には，体をひねり，獲物に口を近づける動作がなんとも窮屈そうである．本種は，小型合併浄化槽中の生物膜にも生息しており，生物膜に潜り込みながら盛んに餌を探し回っている．立体的に入り組んだ場所の多い水稲株周辺では，体をひねる必要もなく，住みやすい環境なのかもしれない．

観察していると，同種の別個体に口を近づけて食べようと試みる．しかし，口が小さいので共食いは起きない．ところが飼育を続けていると，普通の個体よりも数倍大きな個体が出現することがある．あろうことか，この大きな個体は普通サイズの個体を食べる．なぜ巨大化する必要があるのだろうか．同じ扁形動物のナミウズムシには，繁殖期になっても生殖器ができずに無性分裂のみで増殖する個体が存在する．その個体に生殖器をもつ個体や別種を餌として与えると，生殖器ができて，有性生殖を行うようになる．もしかしたら，巨大化は，無性生殖する個体が有性生殖可能な個体になるための準備段階かもしれない．

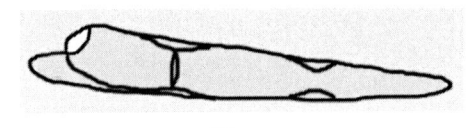

図1

文　献

1) Yamazaki, M., Ohtsuka, T., Kusuoka, Y., Maehata, M., Obayashi, H., Imai, K. and Kimura, M. (2010). The impact of nigorobuna crucian carp larvae/fry stocking and rice-straw application on the community structure of aquatic organisms in Japanese rice fields. *Fisheries Science*, **76**(2), 207-217.
2) Yamazaki, M., Asakawa, S., Murase, J. and Kimura, M. (2012). Phylogenetic diversity of microturbellarians in Japanese rice paddy fields, with special attention to the genus *Stenostomum*. *Soil Science and Plant Nutrition*, **58**(1), 11-23.

6-9　土が凍るほど寒いと元気になる微生物？

柳井　洋介

∎∎∎

　北海道東部は少雪厳寒のため土壌凍結地帯とよばれる．しかし近年は気温が下がる前に雪が積もることで土壌凍結が発達しにくくなってきた．このことで農耕地では，ある雑草が繁茂する異変が夏に起きた．この問題を解決するために土壌凍結深を制御する技術が開発され，土壌微生物の興味深い生態が明らかになった．

○季節凍土

　永久凍土 (permafrost) は夏に表層が融解しても下層では通年で凍結状態を維持するのに対し，季節凍土 (seasonally frozen soil) では冬にのみ数ヶ月にわたる凍結がみられる．北海道の東部に位置する十勝平野では，正月明けに根雪となり土壌凍結深が年最大で 30〜70 cm にも及ぶことが通例であったが，近年はホワイトクリスマスとなることが多く，その場合は日平均気温が 0 ℃より低い日が続いても土壌凍結は発達しない．積雪深が 20 cm 未満と浅くかつ気温が氷点下であると凍結層が土中深くまで発達し，気温が上昇するにつれて地表面と凍結層下端の両方から融解が進み凍結層が消失する．これが季節凍土である．

○季節凍土と農業

　十勝平野はわが国を代表する大規模畑作地帯で，主にコムギ・ダイズ・ジャガイモ・テンサイの輪作が行われており，このうちコムギは，秋に播種され雪の下で越冬する．越冬前にコムギが育ちすぎていると低温や土壌凍結の影響を強く受け，融雪後の生育が悪くなる．また，積雪前に農薬を適切に散布しておかないと，雪腐菌 (snow molds) による被害で減収を招く．気温が氷点下だから農耕地に作物が何も植わっていないわけでもなく，微生物も休眠状態にあるわけではないことの一例である．一方，土壌凍結深が 30〜70 cm にも及んでいた当時は当たり前すぎて認識すらされていなかった自然の恩恵が，収穫し損ねたジャガイモの凍死である．土壌凍結が発達しにくくなった近年では，越冬したジャガイモが夏に野良生えし，

その駆除に多大な労力と時間を要している．この「野良イモ」問題を解決するべく，生産者自らが雪の積もった圃場をトラクターで除雪をして土に冷気を送り込んだのが，現在の「ゆきわり(雪割)」，すなわち土壌凍結深制御技術の始まりである(図1).

○ 土が凍結すると温室効果ガス排出量が増える？
季節凍土中の微生物もジャガイモのように凍死するが，それはごく一部に限られるようで，多くは生残する．そして，土壌微生物は常に飢餓状態にあるため，凍死した微生物の菌体成分の分解が凍土の融解に伴い急速に進行する．この現象は，密閉容器に入れた土を冷凍庫で凍結させ，融解した後に容器内の二酸化炭素や一酸化二窒素(Nitrous oxide；N_2O)の濃度を測り，凍結処理をしない土の入った容器と比較することで観察できる．ドイツ・フィンランド・カナダといった海外の寒冷地では，季節凍土で融雪期に短期集中的なN_2Oの排出が起こるという報告が1980年代からあった．そこで，圃場で除雪処理をして土壌凍結を発達させる区を設けて観察を行ったところ，土壌凍結が深いことに加えて融雪期に雪があるかどうかがN_2O排出量を大きく左右することがわかった．N_2Oは，脱窒(denitrification)という酸素濃度が低下した条件で起こる有機物分解反応の過程で生成される．土壌凍結が発達した条件で融雪が起こると，融雪水は凍結層を浸潤しづらいため湛水となり，大気と土壌中のガス交換を妨害する．このことが土壌中に酸素不足の条件をもたらし，N_2O生成を促す．逆に，土壌凍結が発達しようとも，融雪も湛水もなければガス交換を妨害する層は形成されず，N_2O生成はほとんど起きない．

つまり，「ゆきわり」による土壌凍結の促進で温室効果ガス排出量が増えるか？というと，一概にそうではない．工夫をすれば「ゆきわり」で積雪深を操作することで土壌凍結深に加えて土壌微生物の生態も制御し，温室効果ガス排出量の増加を抑えられる可能性がある．

図1 トラクターを用いた「ゆきわり」(上)と作業後の圃場(下)[1].

文　献
1) Yanai, Y. *et al.* (2014). Snow cover manipulation in agricultural fields: As an option for mitigating greenhouse gas emissions. *Ecological Research*, **29** (4), 535-545.

6-10 カビの中に細菌がいる，ってほんと？

佐藤 嘉則

∎ ∎ ∎

　土壌中の多様な生物たちは，生存のために様々な工夫をしている．そのひとつに「共生」がある．先述したダイズと根粒菌の関係や菌根菌 (6-5) だけでなく，共生にはいろいろな生物の組み合わせがあり，未知のものも存在しているだろう．ここでは，土壌の微生物間—カビと細菌—の共生の話題を紹介する．

○ カビと内生細菌のひみつ

　クモノスカビの仲間には苗立枯病の原因カビとして知られる種がある．このカビは植物細胞の有糸分裂を阻害する毒素 (リゾキシン) を生産して植物根の生長を妨げ，立枯病を引き起こす．リゾキシンは，動物の腫瘍細胞などにも強い増殖阻害活性をもつことから，制癌剤としての研究も進められている．近年，このクモノスカビの細胞に内生する細菌の存在が報告された．さらなる発見は，この内生細菌を抗生物質処理によって除去したところ，クモノスカビが本来もっていたリゾキシン産生能がなくなり，内生細菌単独の培養でリゾキシンの生産が認められたことである．つまり，これまでクモノスカビが生産していると考えられてきたリゾキシンは，内生細菌が宿主の細胞内で生産していたことが明らかになったのである．

　土壌に広く生息するクサレケカビの種にも内生細菌が見つかっている．筆者らが畑地土壌から分離したクサレケカビには温室効果ガスである一酸化二窒素 (N_2O) を生成する菌株があった．その株を蛍光顕微鏡で観察すると細胞内部に細菌様のものが認められた．そこで，カビの菌糸を破砕して細菌に特異的なリポ多糖や細菌のリボソーム RNA 遺伝子の検出を試みたところ，確かに細菌が存在するという結果が得られた．先のクモノスカビの例に倣って，内生細菌を抗生物質によって除去して得たクサレケカビの N_2O 生成能を調べたが，内生細菌を保有しているときと変わらず生成が認められた．この内生細菌の分離培養は当初成功しなかったが，カビの菌糸破砕液から内生細菌だけを分取し，内生細菌の全遺伝子配列の

解析を行ったところ，あるアミノ酸の生合成遺伝子群が欠損していることがわかり，寒天培地にそのアミノ酸を加えることで分離培養に成功した．N_2O 生成に内生細菌が関与していないと結論されたが，クサレケカビの他の形質に内生細菌がかかわっているかもしれない．分離した内生細菌を使った今後の研究で，共生のひみつが解き明かされていくことが期待される．

◯ 共生体はひとつの生物体？

　古くから知られる微生物間共生の代表例は地衣類である．地衣類は，菌類がつくる菌糸構造の内部に藻類が共存している微生物共生体である．地衣体とよばれる共生器官では，藻類は光合成でつくりだす炭水化物を菌類に与え，代わりに水分などが安定して供給される生存環境を与えてもらって生きている．かつて，スイスのシュヴェンデナーやイギリスのポターが，「地衣類は菌類と藻類の異種生物からなる共生体」であることを提唱したが，当時としては受け入れられなかったらしい．そのことが頷けるほど，顕微鏡で注意深く観察しない限りは，ただ一見すると単独の生物種のように思える共生体である．生物種として，菌類と藻類に分けられることが証明されたとき，大きな概念の転換が迫られたことが想像される．地衣類の研究では，菌類と藻類の個々の生物種の振る舞いを個々に理解する必要が出てきた一方で，個別にみているだけでは地衣類の生態学的な役割を説明することはできない．共生とは，分類学において分けることのできる異種生物が，細胞内外で密接にかかわっている関係性であるが，それが共生体のひとつの特性をつくりだすことがある．先のクモノスカビと内生細菌の例も，クモノスカビを特徴づける形質のひとつである植物病原性（毒素産生）が，実は細胞内部に内生する細菌との共生によってつくられていたという事実である．このことは土壌中のカビの生態学的な役割を研究するうえで少なからぬパラダイム・シフトを引き起こしたであろう．なぜなら，土壌からカビを分離する際や実験に供試する際には，予め抗生物質などを培地に添加して，夾雑する細菌を取り除くことが定法であるからである．分類学では必須のステップであることに変わりはないが，生態学的な研究においては重要な見落としがあったかもしれない．土壌中の多様な生物たちの役割や機能を考えるとき，「共生」という現象も考慮して，共生体をひとつの生物体としてとらえる視点も重要であろう．

6-11 鉄をも動かす微生物，ってほんと？

光延 聖

∎ ∎ ∎

　鉄は，地球表層に豊富に存在する元素であり，ほぼすべての生物にとって不可欠な金属である．土壌も多くの鉄を含んでおり，生息する微生物は鉄をエネルギー源や生体成分として広く利用している．微生物はどのようにして鉄を利用するのだろうか？　彼らの巧みな戦略を紹介する．

　鉄と微生物のかかわり方は，鉄の同化，酸化，還元の3つに分けられる．ここでは，土壌における鉄の循環に関連している鉄酸化細菌と鉄還元細菌について述べる．まず生物によるエネルギー獲得のしくみについて説明しよう．生物がエネルギー獲得に利用するおもな反応は，電子授受をともなう酸化還元反応である．この反応には対となる電子供与体(電子を与える物質)と電子受容体(電子を受け取る物質)が必要であり，その組み合わせが代謝様式となる．動物の場合，例外なく，有機物(電子供与体)を酸素(電子受容体)によって酸化し，そのときに生成するエネルギーを利用している．動物だけでなく，多くの微生物もこの反応を利用してエネルギーを得ているが，異なる点はその様式の圧倒的な多様性である．つまり，微生物は電子供与体や電子受容体として，有機物と酸素以外の多くの物質を利用することができる(表1)．

　二価鉄を電子供与体として利用する微生物が鉄酸化細菌である．電子受容体には酸素や硝酸が利用される．鉄酸化細菌には，酸性条件または中性条件を好むものがおり，一般的な中性土壌に生息する鉄酸化細菌として，レプトスリックス属

表1　鉄をエネルギー源とする微生物．

生息環境	電子供与体	電子受容体	pH	代謝様式
好気	Fe(II)	O_2	酸性	鉄酸化
	Fe(II)	O_2	中性	鉄酸化
嫌気	Fe(II)	NO_3^-	中性	硝酸を利用した鉄酸化
	Fe(II)	CO_2	中性	光を利用した鉄酸化
	有機物/無機物	Fe(III)	酸性	鉄還元
	有機物/無機物	Fe(III)	中性	鉄還元

やガリオネラ属がよく知られている．水溶性の二価鉄に対して，酸化され生じる三価鉄は中性条件では水溶性が低く，不溶性の酸化鉄として沈殿しやすい．一部の鉄酸化細菌は，細胞表面が不溶性鉱物に覆われてしまうのを防ぐために，有機配位子を含む細胞外有機物を産生し，三価鉄を水溶性の有機錯体として細胞外へ排出するという優れた機構を備えている．また，鉄酸化細菌由来の酸化鉄は，ナノサイズの微小粒子から構成される．そのような粒子は数百 m^2/g といった巨大な表面積をもつため，微生物由来を含め酸化鉄は多くの栄養塩などを安定に吸着保持するという重要な役割を土壌中で担っている．

次に鉄還元細菌は，嫌気環境で三価鉄を電子受容体として利用する微生物であり，電子供与体には多くの有機物が利用される．水田などでは，嫌気環境の発達とともに鉄還元が進行し，土壌は灰色や青灰色になる．還元体鉄の水溶性は高く，鉄還元細菌は土壌中における鉄の循環に大きく寄与している．鉄還元は微生物反応の貢献度が大きく，その代謝様式がよく研究されてきた．彼らの代謝様式で特徴的な点は，土壌中では，電子受容体である三価鉄が不溶性鉱物として存在している点である．電子受容体が水溶性であれば，細胞内に取り込んだ後，細胞内で電子受容体として利用すればよい．しかし，不溶性の物質が電子受容体となると，細胞内で生じた電子を細胞外で渡す必要がある．この難題を解決するために，ある種の鉄還元細菌は，細胞外電子伝達という巧みな戦略をとっている．シュワネラ属などの一部の鉄還元細菌は，腐植物質などの水溶性仲介物質に電子を渡して，細胞外の鉄鉱物へと電子を伝達する．さらに興味深いことに，ジオバクター属などの一部の鉄還元細菌は，電気伝導性のナノサイズの繊毛(ナノワイヤー)を自ら産生し，このナノワイヤーを介して細胞外の鉄鉱物へ電子を渡している．

土壌中で微生物は様々な戦略をもって鉄をエネルギー源として利用していることを紹介した．後半で述べた細胞外電子伝達機構は，効率のよいエネルギー生産・供給法を探ることを目的として活発に応用研究が行われている．われわれがエネルギー生産に用いる石油や石炭といった化石燃料は，環境問題や埋蔵量を考慮すると，持続的なエネルギー源とはいいがたい．そのため，化石燃料に依存せずエネルギーを生産し，かつ効率よくエネルギーを供給する方法の確立が求められている．もしかすると土壌というありふれた場所に，人類の持続可能性にとって有用な手がかりが隠されているかもしれない．

6-12 土壌に有機物と窒素を供給する万能生物シアノバクテリア

大塚 重人

■ ■ ■

　シアノバクテリア (Cyanobacteria, 藍色細菌) は, 光合成による炭酸固定を行う細菌であり, その一部は生物的窒素固定も行う. この機能を荒廃土壌の修復や低環境負荷型の農業に利用できないだろうか.

○ シアノバクテリアはどんな細菌？

　シアノバクテリアは, 単細胞性, 群体性, 糸状体性などの形態をしており, 水圏が主要な生息場所だが, 土壌や岩の表面, 樹皮など, 水分の供給のあるところなら, どんな場所にも生育している. 植物と同様に葉緑素クロロフィルをもち, 酸素発生型の光合成によって二酸化炭素と水から有機物を合成する (炭酸固定を行う). また, 一部のシアノバクテリアは, 酵素ニトロゲナーゼを用いて大気中の窒素ガス (植物が利用できない形態の窒素) をアンモニア (植物が利用できる形態の窒素) に変換する生物的窒素固定を行う. なお, 生物的窒素固定は, ほかの細菌やアーキアの一部も行う. 自然界における窒素の固定量としては生物的窒素固定によるものが最も多く, 陸域だけでも年間 90〜140 Tg N (窒素原子の重量に換算して 90〜140 テラグラム＝メガトン) にのぼると見積もられている.

○ シアノバクテリアによる土壌修復

　上記のように, シアノバクテリアは光合成により有機物を合成し, 窒素固定により土壌に植物が利用可能な窒素源を供給するはたらきがある. 生産する有機物には細胞外に分泌される粘質多糖が含まれ, これが土壌の団粒構造の発達や安定化や, 様々なミネラルの保持に貢献すると考えられる. シアノバクテリアは地衣類 (菌類と藻類の共生体) とともに代表的なパイオニア生物で, 火山噴火後の裸地などに最初に侵入して生育することが知られており, 植物の生育が困難な土壌環境を, 植物が生育しやすいように改善する働きをもつ. このような機能を, 問題土壌における作物生産性の改善に応用しようという研究がある. 例えば, シア

ノバクテリアには弱アルカリ環境を好むものが多いが，鉄の溶解が制限されるアルカリ土壌の多い乾燥地では，シアノバクテリアが土壌の養分や水分の保持と同時に作物への鉄の供給に寄与すると期待される．実際に，窒素固定能をもつノストック (*Nostoc*) というシアノバクテリアを乾燥地に投入した研究では，土壌表層の有機物や窒素含量の増加，植物の生育や鉄吸収の促進といった効果が得られることが報告されている．このように，特に弱アルカリ性の問題土壌の改善にとって，シアノバクテリアは一定の利用価値をもつと考えられる．

◯ 低環境負荷型農業への応用は可能か？

世界各地の水田にみられるアカウキクサ (*Azolla*)(図) は水生シダ類の仲間で，窒素固定能をもつアナベナ (*Anabaena*) というシアノバクテリアが共生している．この共生アナベナの窒素固定量は，非共生型 (自由生活型) のシアノバクテリアの固定量と比較してはるかに多く，水田 1 ha あたり 30 日で 30〜60 kg N にのぼるとされる．共生アナベナの窒素固定能を活かすため，アカウキクサが水田の緑肥として利用され，効果をあげている．また旺盛な繁殖力で田面水を覆い尽くすため，雑草抑制の効果もある．

図1　田面水を覆うアカウキクサ (インドネシア共和国ジャティルウィの水田にて撮影).

また，非共生のシアノバクテリアを農地に投入する試みもなされている．このような研究や応用は，現在ではインドで比較的活発に行われており，非共生型シアノバクテリア資材が生産，販売される段階に進んでいる．しかし，農地において安定的に再現性よく効果の得られるシアノバクテリア資材やその利用法はまだ確立されていない．農地への窒素肥料の過剰投与を防止し持続的な農業生産と生態系の保全を目指すためにも，ぜひシアノバクテリアの窒素固定能の有効な利用法を開発してもらいたいものだ．

第7部

土の保全に向けて

7-1 西アフリカ・サヘル地域における砂漠化防止の最前線

伊ヶ崎 健大

■ ■ ■

　砂漠化の危険が叫ばれてから30年余り，また砂漠化対処条約が採択されてから20年余りが経過したが，依然として砂漠化の問題は解決には至っていない．ここでは砂漠化の危険性が最も高いとされているサヘル地域の砂漠化の現状を紹介したうえで，それに対するわが国の取り組みの一例として筆者らの研究を紹介したい．

◯ 地域の概要

　サヘル地域は，サハラ砂漠の南縁に位置する年降水量が200〜600 mmの地域で，最貧国のセネガル，モーリタニア，マリ，ブルキナファソ，ニジェール，チャドにまたがる．気候は乾燥サバンナで，降雨は雨季(特に6〜9月)に集中し，乾季(11〜4月)にはほとんどみられない．人口はおよそ5000万人である．ここには，相対的に養分の少ないきわめて砂質な土壌(砂含量が80〜90％程度)が分布している．これは，この地域の土壌が最終氷期の最寒冷期(およそ2万年前)に，サハラ砂漠から風で運ばれてきた風成砂が母材となって生成したためである．ここでの主要な穀作物は耐乾性に優れたトウジンビエ(*Pennisetum glaucum*)であり，主に年降水量が300 mmを超える地域で栽培されている．

◯ 砂漠化の現状

　サヘル地域の砂漠化の主な原因は風食である．風食は風によって土壌が削られる現象(風による蝕)であるが，サヘル地域のそれは，乾季の季節風(ハルマッタン)と雨季初めの嵐の際に，耕地の表層土が吹き飛ばされる現象である．土壌が砂質であること，また乾季と雨季初期の裸地に近い地表面に強い風が吹くことから，サヘル地域では風食の被害が大きく，砂漠化の直接的な原因となっている．

　では，風食によってどのように土壌劣化が引き起こされるのだろうか．筆者らはまずこの問題に取り組んだ．その結果，サヘル地域では，風食により耕地から年間4〜5 mmの表層土が失われることがわかった．一般に，土壌は年平均0.7 Mg/ha

(およそ 0.05～0.10 mm) の速度で生成するといわれる．サヘル地域の土壌もこの速度で生成したとすると，風食によりたった 1 年で約 100 年かけて生成された土壌が失われることになる．また，多くの場合土壌は地表面に近い層ほど養分に富んでおり，サヘル地域の場合，地表面に近いほど透水性もよい．よって，風食では最も養分に富みかつ透水性もよい土層が選択的に失われることになる．筆者らの研究によれば，風食により作物が年間で吸収する量 (例えば窒素では 10～20 kg/ha) の 2～3 倍の養分がたった 1 年で耕地から失われ，また作物が利用可能な土壌水分量も最大 40 ％減少してしまう．これが風食による土壌劣化メカニズムである．

○ 砂漠化の引き金

サヘル地域では最近 30 年で砂漠化が加速度的に進行しているとされる．この理由はなんだろうか．もちろん，最近になって風が強くなったわけではない．一番の理由は，人口増加 (最近 30 年で人口が 2 倍以上に増加) と，遊牧民の定住化による農民 1 世帯あたりの農地の減少である．サヘル地域では，現在多くの耕地が十分な休閑期間を設けずに耕作されており (従来は休閑期間を 20 年程度設けていたが，現在は 4 年以下の耕地がほとんどである)，その結果，風食により低下した土壌養分と土壌の透水性を十分回復できていない状態で耕作が続けられている．ここで大事なことは，サヘル地域の砂漠化が国家の無理な農業政策や企業による経済性を優先した不適切な土壌管理ではなく，慢性的な食料不足に苦しむ人々が日々の食べ物を得るために止むに止まれず行う営みに起因しているということである．これがサヘル地域の砂漠化問題の難しさである．

○ 従来の砂漠化対策技術

サヘル地域では，現在までに風食の対策技術として，① 畝立て，② 作物残渣によるマルチング (地表面の被覆)，③ 防風林の設置が提案されている．いずれも試験場レベルではその効果は実証されているが，残念ながら現地の農民には採用されていない．この理由は，① についてはサヘル地域の農民が必要な器具をもっていないため，② については収穫後の茎葉は建築資材，家畜の飼料，燃料として利用されており，ほとんどが耕地から持ち出されてしまうため，③ については管理 (水遣りや家畜による摂食の防止) が困難なためである．また，この背景にはサヘル地域の農民が経済面でも労働力面でも余裕がないという現状がある．つまり，

サヘル地域に適した砂漠化対策技術とは，何よりもまずこの農民の現状に配慮したものでなくてはならない．

○ 新たな砂漠化対策技術

きっかけは，「風食で吹き飛ばされた表層土はいったいどこに行くのだろう」という疑問であった．これについて研究を進めたところ，吹き飛ばされ失われたと思っていた表層土が，実は耕地の西側の休閑地に溜まっている (つまり，休閑植生によって捕捉される) ことがわかった．西側の休閑地に溜まっていた理由は，ハルマッタンや雨季初期の嵐のほとんどが東風のためである．また，休閑植生はたった5 mの幅であっても，風で飛ばされる表層土 (風成物質とよぶ) のおよそ8〜9割を捕捉できることもわかった．筆者らはこの発見に基づき，"何もしない"ことで実施できる新たな砂漠化対策技術「耕地内休閑システム」を設計した．この技術は，風成物質を耕地の中に留め (風食の抑制)，なおかつそれらを所々に集約することで，収量増加につなげようとするものである (増収効果)．

技術の概要は以下のとおりである (図1)．

1) 耕地の中に風食を引き起こす東風に対して垂直になるように (南北方向に)，幅5 mの休閑帯を複数つくる．休閑帯とは帯状の休閑地で，播種と除草を行わないこと，つまり"何もしない"ことで容易に形成される．この休閑帯は収穫後も耕地に残り，ハルマッタンや翌年の雨季初期の嵐の際に風成物質を捕捉する (風食抑制効果)．

2) 雨季中に休閑帯を風上 (東方向) にシフトさせ，前年に休閑帯であった場所でも耕作を行う．これにより，前年の休閑帯で捕捉した風成物質を作物生

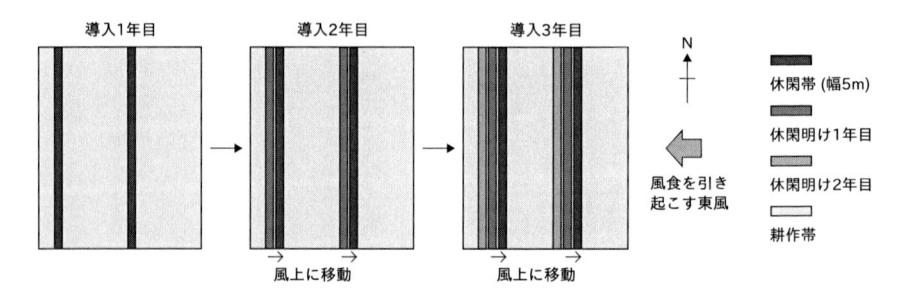

図1 「耕地内休閑システム」における土地利用 (伊ヶ崎 (2011))．

産に利用する (増収効果).
3) 毎年 2) を繰り返す．本技術は，従来の風食対策技術とは異なり，費用も労力もほとんどかけずに実施できることから，サヘル地域の農民にも十分採用されうる．

○「耕地内休閑システム」の効果，限界，将来

　筆者らはこの「耕地内休閑システム」の有効性を検証するため，国際半乾燥熱帯作物研究所 西・中央アフリカ支所 (ニジェール共和国) の試験圃場と周辺の農家圃場において，4 年間の圃場試験を実施した．その結果，(i)「耕地内休閑システム」により風食が 70 % 以上抑制できること，(ii) 休閑帯に捕捉された風成物質により作物が利用可能な土壌養分量が増加すること (例えば全窒素量では 970 kg/ha 増加)，(iii) 土壌浸透能も改善され，作物が利用可能な土壌水分量が増加すること (作物生育初期に体積含水率で最大 30 % 増加)，(iv) その結果，休閑帯を 29 m 以上の間隔で配置した場合，全面を耕作した場合に比べて収量が 36〜81 % 増加することが明らかとなり (図 2)，技術の有効性が実証された．さらに，国際協力機構 (JICA) のプロジェクトを通して本技術の普及を試みたところ，現在までにニジェール共和国の 5 州，23 地区，89 村，約 500 世帯の農民に本技術が採用された．ただし，ここで特記したいことは，「耕地内休閑システム」はサヘル地域の農民の現状に即して設計されたものであり，砂漠化の問題を抱えるすべての地域で適用できるものではないということである．筆者らは，現在はこの「耕地内休閑システム」の改良に取り組んでいる．他の技術 (例えばマメ科作物との間作) との融合や休閑帯への特定雑草種の導入など，様々な可能性が明らかになりつつある．

図 2　「耕地内休閑システム」の増収効果．(口絵参照)

7-2 焼畑農業の過去と現在
―伝統的合理性と限界―

田中 壮太

■ ■ ■

　かつての東南アジアの山地では，焼畑は農業の代名詞といってよいほどありふれた農業であった．今でも多くの人々が焼畑で生活しているが，彼らの生活スタイルは変化し，焼畑のやり方も大きく変わってきた．一般に，伝統的な焼畑は持続的であると称賛され，近年の焼畑は収奪的であると批判されている．いったい何が違うのだろうか？

○ 伝統的焼畑とは？

　東南アジアの焼畑民の文化や習俗は，実に多様で彩り豊かである．焼畑技術も多様だが，まとめるとおおよそ次のようである．

　焼畑は，新規開拓のために原生林を使うのでなければ，前回の栽培が終わり休閑された土地の中から，十分に回復した森林 (休閑林) を選ぶところから始まる．伐採前にあちこちの休閑林を回り，植生や土を観察する．「幹が腰や太股の太さになっていたら焼畑ができる」とか，「黒くて柔らかい土は肥沃だ」．そういったことを基準に，当年の焼畑地を選ぶ．休閑林の回復具合は地域や土地によってかなり違うが，おおよそ 10 年から 20 年の休閑で幹がちょうどよい太さになる．伐採作業では，樹木を腰の高さ付近で切り倒す．大径木は幹を切らずに枝打ちのみの場合もある．

　火入れは，乾季と雨季が明瞭な熱帯モンスーン気候では雨季の始まる直前に，年中湿潤な熱帯雨林気候では 1 週間ほどの晴天が続いた後に行う (図 1)．火入れ後直ちに，主食作物の陸稲やトウモロコシを播種する．野菜を混植することも多い．播種は，男性が長さ 1.5 m ほどの棒 (掘棒) を地面に刺して穴をあけ，女性が後に続いて種子を穴に投げ入れる．穴を埋めるような動作はないが，歩き回るので自然に埋まる．鍬で耕したり畝立てをすることはない．栽培中の作業は，除草と害獣の見張りだけだ．陸稲やトウモロコシは，200 日ほどで収穫できる．どちらも穂だけを摘んで持ち帰る．収穫量がよほど多くなければ，栽培は一作だけで

終わり，土地を休閑する．休閑林は，食用植物やカゴなどの材料植物や，貴重なタンパク源のイノシシやシカなど，有用な動植物の宝庫である．

○ 持続的農業としての焼畑

農学の視点で焼畑の作業をみてみよう．

まず，植生を焼くことには，焼くだけで農業のための整地ができるという利点がある．さらに，1) 熱により土の中の雑草種子や病原菌，害虫を駆除できる，2) 灰はアルカリ性なので土の酸性を中和し，灰に含まれるミネラルが作物の養分となる，3) 窒素は灰にはほとんど含まれないが，焼却中に地温が上昇し土の有機物からアンモニアが放出され養分となる (焼土効果という)．「幹が腰や太股の太さ」というのは，十分な熱と灰を生じるまでに休閑林の樹木が回復しているということである．「黒くて柔らかい土」は，有機物を多く含み，そのため団粒構造が発達し，耕さなくても根張りのよい土である．有機物の多い土は，十分な焼土効果も期待できる．

他の作業も重要である．まずは，樹木の切り株を残すという伐採である．切り株と根は生き続け，土をしっかりとつかみとり，侵食を防ぐ．作物を栽培している間に切り株からは芽が出はじめ，森の再生が始まる．根は余分な養分や土の深くまで浸み込んだ養分を回収し，再び体内に蓄える．十分に回復した休閑林は，日光を遮り，雑草が繁茂するのを防ぐ．落ち葉や枯れた雑草は，土の有機物を回復させる．火入れのタイミングも重要だ．火入れが遅れ雨季が始まると，伐採し

図1 伝統的焼畑の火入れ直後の様子．タイ・メーホンソン県．大径木は枝打ちのみで残されている．燃焼が激しく，表土の有機物が分解された場所は土本来の黄色となり，写真では白く見える．

た樹木が湿って燃えにくくなる．これでは，十分なアルカリや養分が土に入らない．一方で，火入れの後に晴天が続くと，灰は風に吹き飛ばされ，アルカリと養分はむだに失われてしまう．だから，焼畑民は火入れ予定日が近づいてくると，天気の予測に非常に敏感になる．耕しも畝立てもしない，掘棒による播種は，手抜きのようにみえるが，土が浮き上がり侵食を受けやすくなるのを防ぐ効果がある．土の中に酸素がたくさん入って，有機物の分解が早まるのも防いでいる．穂だけの収穫は，茎や葉を残し，土から過度に養分をもちさることを避けている．

伝統的な焼畑は，東南アジアの養分に乏しい酸性の土にまさに適していて，しかも化学肥料や農薬，農業機械に頼らない持続的な農業である．その秘訣は，植物と土の間で養分をうまく循環させること，そして生態系からの有機物や養分の損失をできるだけ抑えることにあるといえる．

○ 伝統的焼畑の限界

しかし，焼畑にも大きな弱点がある．焼畑民は，1年間に成人1人あたり玄米で200 kgのコメを消費する．陸稲の収量は1 t/ha程度である．つまり，1 haの焼畑があれば，5人家族が1年間生活できるという計算だ．しかし，一つの家族が手作業で除草できる面積はせいぜい1 haで，これが焼畑の広さを制限している．つまり，手入れ可能な最大の面積が，生活に必要なコメを何とか確保できる面積ということになる．主食のコメがこれでは，野菜を間作し，休閑林からも食料が手に入るとはいえ，不作の年には苦境に陥ってしまう．また，休閑10年で同じ土地を再び焼くとすれば当年の焼畑＋10倍の休閑林が，焼畑民が実際に必要とする土地となる．焼畑で生活するには広大な土地が必要なのだ．ちなみに水田稲作は毎年作付けできるので，コメの収量を5 t/haとすると，焼畑に比べ50倍以上の人口扶養力をもつ．経済的な面でも，休閑林のラタン(籐椅子などの材料になる)や獣肉などは林産産物として収入源になるが，自給作物を生産する焼畑そのものからの現金収入は望めない．

○ 焼畑の変容と将来

焼畑民の生活は時代の流れとともに変化し，焼畑のやり方も変わってきた．それは，栽培回数を増やし，休閑期間を短縮するという焼畑の集約化とよぶべきものであった．要するに焼畑をする土地が足りなくなってきた．その理由として人

口増加がよく知られているが，実際には国や地域によって様々だ．例えば，土地の一部に果樹などの換金作物を植えた場合には焼畑の土地が減るし，男性が出稼ぎに行き，女性や高齢者だけが集落に残った場合，作業負担を減らすために近くの限られた土地だけを集中的に使うこともある．政府や大企業が，焼畑民の土地を植林やプランテーションに転用することもある．

多くの国で経済が急速に発展し，山奥にまで道路が整備されるようになった．そうすると，収穫物や肥料の輸送が可能になる．自発的に焼畑をやめ，すべての農地を常畑として換金作物だけを栽培する元焼畑民も増えている．

焼畑の集約化は，伝統的な焼畑がもっていた土壌と植物の絶妙で微妙なバランスを損なうことは明らかだろう．火入れと栽培の短期間での繰り返しは，生態系から多くの養分を奪い，侵食を引き起こす．樹木の切り株や根は大きなダメージを受け，植生回復は悪くなる．しかも休閑期間が短いので，燃やすべき植生が不足する．熱や灰の効果は低下し，収量が減る．

収量を上げるには化学肥料や除草剤が必要だが，そうなると現金が必要になり，自給自足の焼畑どころではなくなってくる．まさに負のスパイラルだ．人口が希薄で土地が十分にあった頃は，もし土地が荒廃しても原生林を新たに焼畑にすることができた．しかし，今はもうそんなことは不可能だ．

多くの国では，国内外の研究機関の努力により，アグロフォレストリーのような焼畑に代わる環境保全型農業技術の開発や普及が図られている．紙面の都合上アグロフォレストリーを詳しく説明することはできないが，アグロ＝農業とフォレストリー＝林業という名が示すとおり，陸稲やトウモロコシのような単年生作物と果樹などの換金樹木を時間的・空間的に組み合わせた栽培技術である．こういった技術が広まれば，焼畑民の生活は経済面では向上し，土の保全も実現できるだろう．しかし，そこには，もはや焼畑民の姿はない．経済性だけを優先させるのではなく，焼畑民の多様な文化や伝統，知恵をどのように後世に伝えるのかも含めて，新しい農業のしくみを焼畑民とともに考えるときが来ているように思う．

7-3 田畑輪換に伴う水田の地力低下と維持管理

新良 力也

■ ■ ■

　わが国の水田はコメすなわち食料の生産性が高く，そのことをもって地力が高いということができる．水稲作時に湛水することで土壌の化学性を作物生育に適したものに変性させ，地力が高く維持されるのであるが，湛水するためには，用排水設備の管理などの労力が必要であり，高い地力は営農活動の賜物でもある．

○ 田畑輪換と地力低下

　コメの需給アンバランスの是正策として，1971年から本格的な転作対策が始まり，現在も目にするように，多くの水田で湛水せずに畑作物が作付けられるようになった．畑作物のなかで作付の多いダイズについて，多くの圃場で低い収量水準にあるが，水稲から転作を開始した直後には，収量の高い圃場が存在したため，現在の低収量性の一要因として地力低下が指摘されている．また，ダイズは連作障害が発生するために，同じ圃場に毎年作付することを避けるのが有利なので，ダイズ作と水稲作を交互に繰り返す田畑輪換が実施されるが，この場合の水稲の生産性からも過去に比べて地力が低下していると懸念されるようになった．

　水田土壌は，よりよい水稲生育のために湛水をすることにより特徴ある性質が創り出された土壌である．空中窒素を固定する藻類の発生があり，その遺体が土壌に付加されて窒素成分が豊富になること，還元状態でリン酸が有効化すること，灌漑水に伴いカリウムやケイ酸が流入することから，地力の回復がありコメ生産性が高く維持される．また，嫌気的な条件下で土壌中の有機物分解が抑制され，一般に，畑土壌に比べて，土壌有機物含量が高い特徴を有する．

　しかし，畑作物が作付されると，藻類由来の窒素成分の付加がなくなるとともに，好気的な状態となった土壌中では，有機物の分解が進んで，作物生育を最も大きく制御する窒素養分の源が消耗することになる．また，灌漑水由来のカリウムやケイ酸の流入も止まる．各地で調査が行われた結果，水田土壌の窒素肥沃度は，畑作履歴が多いほど低下していることが明らかになっている．さらに，土壌

有機物の分解消耗は，土壌の構造を緻密にしてしまうので，ダイズ生育の抑制につながっている可能性が指摘されている．

畑作化に伴い土壌の有機物が消耗することは，田畑輪換の開始当初から懸念されていたが，水稲作に対する畑作の比率をあまり高めなければ地力低下は許容できると考えられていた．ダイズ作付けによる有機物の分解促進は，後に作付けられる水稲が窒素養分を過剰に吸収する現象を誘発するとして大きな課題になったが，この分解促進を有機物の消耗として問題にされることは少なかった．

○水田の地力向上のために

田畑輪換に伴う地力低下の対策としては，堆肥や緑肥など有機物を圃場に施用することに加えて，水稲作の頻度をある程度確保して有機物の消耗を防ぐことが重要である．過度な畑作付を制限するためには，適正な畑作転換比率を明らかにする必要があるが，転換比率の異なる圃場試験の実施に10年単位の年月がかかること，しかも有機物分解状況の異なる様々な土壌と気象環境での解析が必要なため研究が進んでいない．一方で，有機物の施用については，地力を向上させる効果は理解されているが，労の多い作業の担い手が少なく，普及しない現状にある．これから，農業の担い手が減少しても対応できるような，地力維持のための技術を開発する必要がある．長年の営農活動でつくりあげた高い地力を安易に低下させるのは得策ではないと考える．

土壌有機物の消耗が進行する一方で，ダイズ作については，現在も水田機能を完全に失わない土壌状態で実施されるために，多くの圃場で湿害を受けて生産性が低い状態にある．地力とは作付される作物の生産性に関係する概念であるから，ダイズの生産性の低さから判断すると，水田土壌の地力が高いとはいえない．水田土壌の地力については，大きく二つの視点から考えると課題がわかりやすい．一点目は，過去よりも低下しているとの視点であり，すでに述べた．もう一点は，水稲に加えてダイズに代表される畑作物の生産性を安定的に向上させるという視点である．水稲もダイズもよく獲れる地力として管理することが望ましい．湛水できるように，しかし，ダイズ作のときには，十分な排水ができる土壌が求められる．その手段として，水稲作時の独特な耕うん管理である代かきを省いて苗を移植したり，湛水以前に水稲種子を水田に直接播種するなど，畑作に似た土壌構造を維持できる水田土壌の管理方法が検討されはじめている．

7-4 植物を用いた重金属汚染土の浄化

村上 政治

■ ■ ■

　植物を用いた土壌の有害物質を対象とした修復技術の総称はファイトレメディエーションとよばれている．そのうち，有害物質を蓄積することが可能な植物を汚染土壌で栽培し，その地上部を収穫することにより，土壌中の汚染物質を除去する手法がファイトエキストラクションである．この手法は，客土といった土木工学的手法よりも安価であるという利点をもつが，高濃度汚染土壌には不適であり，低～中程度の汚染土壌であっても複数年を要するという欠点をもつ．ここでは，ファイトエキストラクションに関するこれまでの研究を紹介する．

○ファイトエキストラクションが有効に機能する場面
　1) ファイトエキストラクションで浄化できる元素は？
　　　カドミウム (Cd)，銅 (Cu)，鉛 (Pb)，亜鉛 (Zn) の濃度が高い土壌を対象に，土壌中における存在形態を調べたところ，植物に吸収されやすい形態 (交換態と無機結合態) の全量に占める割合が最も高かったのは Cd であった．すなわち，これらの元素の中では Cd がファイトエキストラクションによって最も効率的に浄化できると考えられる．
　2) 土壌中の重金属を可溶化させる資材は使えるか？
　　　ファイトエキストラクションには不適な重金属であっても，何らかの資材を施用して重金属を可溶化すれば浄化に利用できるのではないかというアイデアもある．これまで可溶化資材として検討されたものに，金属キレート剤であるエチレンジアミン四酢酸 (EDTA) やクエン酸などの酸がある．しかし，その施用効果は低いうえに，雨水などによって地下水へ溶脱する 2 次汚染の危険性も報告されている．
　3) 浄化植物の適性
　　　代表的な Cd 超集積植物であるアブラナ科グンバイナズナ属の *Thlaspi caerulescens* を用いた圃場試験では，実用化のためには移植苗の低コスト

化,移植および収穫時の機械化が必須であると指摘されている.しかし,*T. caerulescens* は機械収穫に不適な生育形態 (ロゼット状) であり,かつ多雨地域では病気にかかりやすく,Cd 汚染レベルが低い場所では雑草との競合が起こるおそれが高いことも指摘されている.

これらを考慮すると,日本のような多雨地域においては,可溶化資材や *T. caerulescens* のような超集積植物を利用したファイトエキストラクションの実施は困難であると考えられる.

○ ファイトエキストラクションの日本における実用化に向けて

前述の問題点を克服するために,筆者らは,可溶化資材を施用しない条件で,多雨地域に適応した植物の中から,Cd 汚染水田における浄化植物として Cd 高吸収イネ品種を選抜した.

土壌中の Cd は酸化還元の状態によって可溶性が異なることから,水管理による Cd 高吸収イネ品種の Cd 吸収量の違いを検討した.その結果,移植後約 30 日 (温暖地)〜50 日 (寒冷地) の間は湛水条件で栽培し,その後は水を入れずに落水状態を継続する「早期落水栽培法」が,イネの地上部乾物重を低下させることなく,地上部 Cd 吸収量が最大となることが明らかになった.この早期落水栽培法で Cd 高吸収イネ品種を 2〜3 作栽培し,そのつど地上部を水田の外へ持ち出すことにより,水田土壌中の可溶性 Cd 濃度 (0.1 mol/L 塩酸抽出法による) は,20〜40% 低減した.引き続き食用イネ品種を栽培したところ,食用イネ品種の玄米中 Cd 濃度は,Cd 高吸収イネ品種による早期落水栽培法を実施しなかった対照区と比較して,40〜50% 減少した.

現在,この研究成果に基づく実証事業や,Cd 高吸収性と易栽培性を併せもつ品種開発を目標とした育種試験が行われている.

7-5 土壌保全と土壌情報
―土壌調査,土壌分類,土壌図の系譜―

高田 裕介

■ ■ ■

　持続的な土壌管理を進めるうえで,土壌のある特性に基づいてグループ分けを行い(土壌分類),その土壌グループごとの地理的な分布状況を明らかにする(土壌調査と土壌図の作成)ことは,食料生産や環境保全的な土地利用計画の策定に重要である.そのため,多くの国々が国家事業として,土壌調査を行い,その国の実情に則した土壌の分類方法を開発し,土壌図などの土壌情報を整備・蓄積してきた.

　わが国において,土壌を調査・分類しようという試みは,今から1300年前の奈良時代にまで遡ることができる.その当時出された官命に,国司は諸国の地名表記や土地の肥沃性などについて調査し報告せよ,というものがある.この官命により各地で編纂されたのが風土記である.715年に完成された播磨国風土記には,土壌分類の原型ともいうべき記述『上鴨里土中上下鴨里土中中』があり,「上鴨里(地名)の土は中の上なり,下鴨里の土は中の中なり」となるそうだ.また,印刷された土壌の分類法として最古のものは土性弁である.土性弁は農学者であった佐藤信景が書き残したものに孫の信淵が補筆し,1874年に出版されたものである.土性弁では土壌を真土で3種27等,擬土で3種21等の計48等に分けている.

　わが国全土で,土壌図が描かれようとしたのは明治時代になってからである.1882年に農商務省地質調査所土性課にドイツ人農林地質学者のマックス・フェスカを招聘し,甲斐国から土性調査が開始され,1885年には甲斐国の土性図(Agronomicshe Karte)が出版された.当時のドイツでは,Agronomieを農業的土壌論としており,Agronomicshe Karte とは土壌図と標記されるべきであったが,先に紹介した土性弁の影響からか,土性図と標記されるに至った可能性があるようだ.この調査事業は,ドイツ方式の農林地質学的な土壌分類方法に従い,青森県土性図(1948年)がその事業の最後の成果物として出版された.フェスカ招聘から始まったこの調査事業が,踏査により全国土について土壌図を作成しようとした世界初の試みであった.

1926年になって，農学会から「土壌の分類および命名並に土性調査および作図に関する調査報告」が公示され，土壌分類の方式がそれまでのドイツ方式からアメリカ方式へと変換された．

第2次世界大戦後の土壌分類は各種土壌調査事業と密接に関連づけられ，水田，畑地，農地，林野など地目ごとに実用的な土壌分類方法が開発され，土地資源管理に利用されてきた．

戦後，食糧不足の解消を目的として，施肥改善事業 (1953～1961年) が水田を対象として始まった．この調査事業では，水田土壌を11群51類型に分類する施肥改善事業土壌類型が開発された．この土壌類型は，現在でも土地改良事業の計画策定時に使用されている，とても息が長い土壌分類法である．

施肥改善事業に引き続いて，1959年から開始された地力保全基本調査では，生産力阻害要因および地力の剥奪要因と，それら要因の空間的な分布状況を明らかにすることを目的として，全国で25 haに1地点の間隔で土壌断面調査が行われ，縮尺5万分の1の農地土壌図や生産力可能性分級図などが整備された．この農地土壌図の図示単位として，設定されたのが土壌統という概念であった．土壌統とは，「ほぼ同じ材料から同じような過程を経て生成された結果，ほぼ等しい断面形態をもっている一群の土壌の集まり」である．まず，水田土壌を対象として，施肥改善事業土壌類型を基に水田土壌統設定第1次案 (11群71統) が1963年にまとめられ，次いで，1971年には畑土壌統 (5群88統) が作成された．これら土壌統の設定には，基準土壌断面として，全国から約8000地点もの断面記載と土壌理化学性データが収集された．その後，1973年に水田・畑を問わない「土壌統の設定基準および土壌統一覧表第1次試案 (16群231統)」が設定され，1977年にはその第2次試案が発表された．さらに，1983年には第2次案改訂版 (16群，56土壌統群，320土壌統) が発表された．この地力保全基本調査により，全国で作成された農地土壌図は1000図葉以上にのぼり，営農指導や行政などで広く用いられてきた．1990年代になって，これら農地土壌図はデジタル化され，調査事業後の土地利用変化の状況を土壌図に反映させるため，2度の更新作業が行われている．

地力保全基本調査の後に，時間経過に伴う地力変化とこれに係わる要因を把握する目的で，土壌環境基礎調査 (1979～1998年) が行われた．この調査には，定点調査というものがあり，全国の主要な土壌を代表する約2万地点の農地を対象として，土壌の理化学性の変化や土地管理状況が20年間にわたってモニタリング

されてきた．この膨大なモニタリング結果のとりまとめにも，先に述べた第2次案改訂版が用いられている．この第2次案改訂版から，定義の定量化，キーアウト方式の採用などの重要な改訂を行い，1995年に第3次改訂版 (24土壌群，77土壌亜群，204土壌統群，303土壌統) が発表された．この，第3次改訂版は，土壌環境基礎調査の後継事業である土壌機能モニタリング調査 (1999～2003年)，全国土壌炭素調査 (2008～2012年) および農地管理実態調査 (2013年～現在) の取りまとめに用いられている．

森林の土壌分類については，大政正隆の土壌類別に端を発し，国有林土壌調査 (1947～1977年) および民有林適地適木調査 (1955～1978年) の進展とともに，1975年に林野土壌の分類 (8土壌群，22亜群，74土壌型，12亜型) が整備された．両調査事業により，土壌型と土壌の理化学性，造林木の成長との間に高い関連性が示され，林野土壌の分類が植栽樹種の選択など森林管理 (適地適木) を行ううえで重要な知的基盤として位置づけられた．

これまで紹介してきたように，わが国では，農地と林野で別々の土壌分類方法が開発され，土壌資源を適切に管理するために用いられてきた．経済企画庁 (現在の国土交通省) によって刊行された土地分類図の土壌図 (縮尺1/20万) でも，その地図凡例として，林野は林野の土壌分類法，農地は農地の土壌分類法が採用されている．しかし，1つの地域内において，土地利用が異なるというだけで，土壌分類名が異なるという不便が生じている．そこで，土地利用に左右されない土壌分類方法として，1986年に日本の統一的土壌分類体系第1次試案 (23土壌群，57土壌亜群) がペドロジスト懇談会 (現在の日本ペドロジー学会) によって提案された．この1次試案では，分類の順序 (キーアウト順) が決定されていなかったが，2002年に改訂された第2次試案 (10土壌大群，31土壌群，116土壌亜群) では，キーアウト順が決定され，土壌区分の定義や範囲も再検討された．この第2次試案と農耕地土壌分類第3次改訂版とを組み合わせて土壌亜群を細区分し，特徴層位などの分類基準を国際的な土壌分類案と合致させることで，2011年に包括的土壌分類体系第1次試案 (包括1次試案；10土壌大群，27土壌群，116土壌亜群，381土壌統群) が国立研究開発法人農業環境技術研究所 (農環研) から発表された．

今日，土壌保全という観点から，環境配慮型の施肥設計，温室効果ガス発生量の抑制，土壌侵食防止などに関心をもち，土壌情報を積極的に活用したいという者は少なくない．このような利用者に対して，土壌情報へのアクセス性向上をいか

に図るかが課題となる．近年，技術発展が著しい情報通信技術 (ICT) を用いて，膨大な量の土壌情報を Web 上で公開することで，アクセス性の向上を図る試みが世界中で増えてきた．わが国においても，農地を中心としてこのような試みが行われている．例えば，農環研が開発した「土壌情報閲覧システム」，「土壌の CO_2 吸収量見える化サイト」，「e-土壌図」などは，農業分野の利用者に広く活用されている．「土壌情報閲覧システム」では，これまでに紹介した (1) 地力保全基本調査により作成された農地土壌図 (デジタル化され土地利用情報が更新されたもの)，(2) 土壌統設定のための基準土壌断面データベース，(3) 定点調査により作成された作土層の理化学性データベース，(4) フェスカ式土性図などを閲覧することができる．本システムでは，Web 地図，住所，緯度経度情報などから土壌情報を誰でも簡単に検索することができるため，道や県などが発行している作物栽培指針などにおいても紹介されている．また，「土壌の CO_2 吸収量見える化サイト」では，利用者が Web 地図上の任意の農地を選択して，作物栽培情報を入力するだけで，農地土壌から放出される温室効果ガス (CO_2, CH_4, N_2O) の量を予測することができる．CO_2 発生量の予測には，数理モデルが採用されており，予測に必要な土壌情報は，Web 地図の位置情報をもとに，「土壌情報閲覧システム」から抽出するしくみとなっている．「e-土壌図」は，「土壌情報閲覧システム」をフィールドでも活用できるように開発されたアプリケーションであり，スマートフォンなどの携帯端末に搭載されている GPS を用いて，土壌情報を検索するしくみを採用している．

　農地の土壌情報の発信が進んでいる現状においては，その情報利用も農業分野が主となる．しかし，土壌資源の管理を目的として，土壌情報を利用しようという試みは農業分野に限られたものではない．今後，土地利用に左右されない土壌分類方法によって，全国土の土壌情報の整備・発信が進むと，土壌情報の利活用の場面はより一層拡大すると考えられる．例えば，屋外での様々な環境調査・研究，環境教育，防災情報などの発信に際しても，土壌情報の利用価値は高まっていくと期待される．土壌を調査・分類して，土壌情報を整備するという歴史は長いが，蓄積された土壌情報を Web 上で発信して土壌情報の利用価値を高めようという試みは，始まったばかりである．

7-6 土壌教育活動の重要性
―「土」を学ぶと君の人生観は変わるのだ―

菅野 均志

■ ■ ■

　本書を手に取りここまで読み終えた方なら土壌(土)への関心と理解をすでに十分におもちだと思うが，あらためて思い返してほしい，自分たちが初等中等教育で土壌を学ぶ機会がきわめて少なかったことを．残念ながら土壌の知名度は「水」や「空気」などに比べてはるかに低いのが現実である．

　地球規模の環境問題に言及するまでもなく，土壌は私たちの身の回りで多様な機能や役割をもつと同時に保全や管理を必要とする対象である．これらを実感して理解するには学校や社会における系統的で継続的な土壌教育が欠かせない．土壌教育は「土壌を教材として取り上げ，その性質や機能，生成，分布，産業とのかかわり，観察実験などを扱う教育を指す」が，わが国の学校教育では学習指導要領における取り上げ方や教材化が不十分なことにより教師が積極的に土壌を指導しにくく，社会においても動植物などに着目した自然観察会は頻繁に行われる一方で非破壊的な観察が困難なことや指導員が不足していることにより土壌はほとんど取り上げられないのが現状であった．

　日本土壌肥料学会の土壌教育委員会は30年以上わが国の土壌教育の普及啓発に取り組んできた．土壌教育委員会は学習指導要領の改訂に向けた要望のほか，全国10箇所の自然観察の森(牛久，横浜，桐生，油山，太白山，豊田，姫路，栗東，和歌山，廿日市)などでの土壌観察会や教師を対象とした土壌研修会などを実施し，自然観察の森には土壌断面標本と観察リーフレットを寄贈してきた．また，土壌教育教材の充実のために出版物の編集に取り組み，「土をどう教えるか―新たな環境教材」(古今書院，1998)，「土の絵本(全5巻)」(農文協，2002)，「新版 土をどう教えるか―現場で役立つ環境教育教材(上・下巻)」(古今書院，2009)を上梓した．特に「土の絵本」は幼稚園や学校，図書館，博物館，児童センターなどで広く読まれ，産経児童出版文化賞を受賞した．その他，土壌観察会などでの活用を想定して非売品のカラー冊子「土壌の観察・実験テキスト―土壌を調べよう」(日本土壌肥料学会，2006)および「土壌の観察・実験テキスト―自然観察

の森の土壌断面集つき」(日本土壌肥料学会，2014) を作成すると同時に，電子版 (PDF ファイル) を土壌教育委員会のウェブサイト (http://jssspn.jp/edu/) に公開している．

　土壌教育の普及啓発の取り組みは徐々にではあるが広がりをみせている．出前授業や自然観察会などで土壌の専門家や学会支部が主体となって土壌の観察や実験に取り組む事例が増え，そこではこれまでに蓄積されたノウハウも生かされている．日本土壌肥料学会の年次大会では土壌教育に関する発表や高校生によるポスター発表会も定着しつつあり，学会誌 (日本土壌肥料学雑誌) では 2014 年 10 月から「学校および社会における土壌教育実践講座」の連載 (全 6 回) が開始された．今後は新しい視点を取り入れた土壌教育や教材開発も期待される．

　このような明るい兆しの一方で，学習指導要領における土壌の取り上げ方に本質的な改善はみられない．特に，1998 年の小学校学習指導要領の改訂によって第 3 学年の理科で「石と土」は削除，「日なたと日かげ」の中の「土」は「地面」に変更され，小学校低学年の児童が土壌を学習する機会が失われた．このことが小学生の土壌に対する関心をさらに低下させるのではないかとの指摘もある．学習指導要領に土壌を適切に位置づける取り組みは，わが国の土壌教育の最重要課題である．

　土壌教育は子どもたちだけでなく生産者 (農家) や消費者に対しても重要である．東日本大震災に伴う原発事故で放射性物質に汚染された農地に関するニュースが連日報道されたが，放射性物質の農地における挙動を理解するには土壌の知識が不可欠であった．2014 年 8 月の平成 26 年豪雨に代表される土砂災害の多発は，土壌を含む地盤の物理性が私たちの生活の安定に直結することを知らしめた．これらは社会における土壌教育の重要性を示す事例の一つである．

　サイエンスライターの福田恵氏は〈次代を担う者たちに土壌の貴重さを伝えるにあたっては，「土」を学ぶと君の人生観は変わるのだ，と学び効能を明示したい〉と述べている．土壌教育活動は，土壌の機能や役割を単に理解させるだけのものでなく，身近な土壌を足がかりに環境やシステムに対する想像力や視野を養う役割を果たす．土壌教育にはときとして人生観を変えるほどの潜在的影響力があることを頭に置き，土壌の知名度を上げ，よき理解者を少しでも増やす取り組みを続けることが重要である．

参 考 図 書
―もっと土を知りたくなった人のために―

■ ■ ■

絵や写真をつかうなどしてわかりやすく書かれているもの
- 18 cm の奇跡（陽捷行著，三五館，2015 年）
- 新版　図解　土壌の基礎知識（藤原俊六郎著，農文協，2013 年）
- 図説　日本の土壌（岡崎正規他著，朝倉書店，2010 年）
- 土の絵本（全 5 巻）（日本土壌肥料学会編，農文協，2002 年）

入門書
- 土の科学（久馬一剛著，PHP サイエンスワールド新書，2010 年）
- 土壌学入門（ウィリアム・ダビン著，矢内純太・舟川晋也・真常仁志・森塚直樹訳，古今書院，2009 年）
- 土とは何だろうか？（久馬一剛著，京都大学学術出版会，2005 年）
- 土と人のきずな（小野信一著，新風舎，2005 年）
- 土のある惑星　地球を丸ごと考える 6（都留信也著，岩波書店，1994 年）
- 土の世界―大地からのメッセージ（「土の世界」編集グループ編，朝倉書店，1990 年）

土の危機を訴えているもの
- 世界の土・日本の土は今（日本土壌肥料学会編，農文協，2015 年）
- 土の文明史（デイビッド・モンゴメリー著，片岡夏実訳，築地書館，2010 年）

やや専門的なもの
- 土壌学の基礎　生成・機能・肥沃度・環境（松中照夫著，農文協，2003 年）
- 最新土壌学（久馬一剛編，朝倉書店，1997 年）
- 環境土壌学―人間の環境としての土壌学―（松井健・岡崎正規著，朝倉書店，1993 年）
- 土壌を愛し，土壌を守る（日本ペドロジー学会編，博友社，2007 年）
- 土と食糧―健康な未来のために―（日本土壌肥料学会編，朝倉書店，1998 年）

事　典
- 土壌の事典（久馬一剛他編，朝倉書店，1993年）
- 土壌肥料用語事典（第2版）（藤原俊六郎他編，農文協，2010年）
- 土の百科事典（土の百科事典編集委員会編，丸善，2014年）

索　引

2:1 型層状ケイ酸塩　124
LCA(Life Cycle Assessment)　117
PCR　165
pH　173
RIP　126, 130
Soil Taxonomy　19

あ行
アカウキクサ　183
アーキア　14
アクリソル　148
アグロフォレストリー　146, 150
アナベナ　183
アーバスキュラー菌根菌　168
アリディソル　21
アルティソル　21, 101
アルフィソル　21
アルミニウムイオン　152
アレイクロッピング　103
暗赤色土　23
アンディソル　20, 101
アンモニア態窒素　154

イオン吸着　56
育苗箱全量施肥　86
移行係数　128
易耕性　8
一次鉱物　39
位置的可給度　65
一酸化二窒素 (亜酸化窒素：N_2O)　110, 120, 177, 178
易分解性有機物　10
陰イオン交換容量 (AEC)　57
インセプティソル　21, 101

永久荷電　56
塩化鉄　138

塩基飽和度　61
塩基溶脱作用　33, 34, 44
エンティソル　21, 101

オキシソル　20, 101
温室効果ガス　110

か行
外来植物　160
化学合成独立栄養性　48
化学的可給度　65
化学的風化　38, 39, 44
可給態窒素　62, 173
可給態リン酸　63
拡散　61
学習指導要領　202, 203
過耕作　145
火山活動　23
火山灰　7, 24, 153
カスタノーゼム (栗色土)　96
火成岩　36, 37
加速侵食　145
褐色化作用　33
褐色森林土　22
活性アルミニウム　116
褐変反応　11
カドミウム　136
カバークロップ (被覆作物)　90
過放牧　145
カルボキシ基　12
側条施肥　155
灌漑水　84
灌漑農業　21, 98
環境ゲノミクス　165
環境保全型農業　86
還元　84
還元物質　170

感受性乾燥地　144
緩衝作用　59
乾燥度　144
間断灌漑　120

キーアウト方式　200
気候　2
気候変動の緩和　55
希釈平板法　16
客土　137
キャッチクロップ　90
丘陵　41
キュータン　45
共生　178
局所施肥　155
切土　159
菌根菌　168

クサレケカビ　165
苦鉄質鉱物　36, 38
クモノスカビ　178
クラスト　78
黒ボク土　13, 22
クローン化　164

景観の構成要素　54
経根吸収　128
ケイ長質鉱物　36, 37
ゲータイト　23
嫌気呼吸　17
嫌気性菌　17
原生動物　14
建設発生土　142

綱　166
広域風成塵　35, 38
甲殻類　174
交換性カリ　131
交換性陽イオン　58
交換態　136
交換態カリウム　63
孔隙　70

光合成独立栄養性　48
荒廃土壌　182
鉱物風化　4
コーデックス　139
コンクリート　159
根圏　15, 61, 64, 106, 171
根圏微生物　167
混作　146
根粒菌　95, 168

さ行
細菌　14, 162
砕土性　8
細胞外電子伝達　181
錯形成能　13
作土層　166
里山　88
砂漠化　144, 186, 187, 188, 189
砂漠化前線　144
砂漠化対処条約　144
酸　4
酸化還元電位　120
三価鉄　181
酸性雨　153
酸性矯正　172
酸性土壌　172
山地　40, 41
暫定基準値　129
暫定許容値　130

ジェリソル　19
ジオバクター属　181
直播栽培　86
時間　3
シーケンサー　165
糸状菌　14, 162
重金属　136, 142
従属栄養　15
縮重合　11
樹枝状体　169
シュワネラ属　181
純一次生産　149

硝化　68, 69, 112, 120
浄化機能　53
硝化抑制剤　113
硝酸化成菌　17
硝酸態窒素　154
常時湛水　112
焼土効果　191
植物必須元素　59
食料生産機能　52
食料保障　55
植林　145
初成土壌生成　46, 47
シルト　6
シロツメクサ　160
人為　5
真核生物　14
真菌　162
人工放射性核種　128
森林植生　25

水食　145
水素イオン　153
水田　84, 103
　—のもつ多面的機能　85
水田状態　118
水溶態　136
水和イオン　125
水和水　125
鋤床層　25, 78
スコリア　46
ストレプトマイシン　54
砂　6
スポドソル　20

生産機能　52
正常侵食　145
生態系　3
成帯性土壌　42
セイタカアワダチソウ　160
正のフィードバック　122
生物　3
生物多様性　15

　—の保全　55
生物的窒素固定　182
精密農業　93
赤黄色土　23
赤色化作用　33, 34
石灰集積作用　45
節足動物　15
施肥前落水　121
先駆生物　182
洗脱　44
繊毛虫　174

草原植生　19, 25
層序　32
草地更新　132
藻類　14

た行
大気圏核実験　128
堆積岩　37
台地　41
堆肥　114
脱炭酸塩作用　33
脱窒　68, 69, 112, 120, 177
田畑輪換　194, 195
炭化物　13
炭酸カルシウム　152
湛水管理　137, 139
炭素蓄積　26
団粒　70, 74, 146
　—の階層性　76
団粒構造　74, 191

地衣類　179, 182
チェルノゼム　96
地球温暖化　54
　—の緩和　114
逐次還元　167
地形　2
窒素化合物　123
窒素固定　68, 69, 85, 94
窒素固定(細)菌　17, 94

窒素動態　104
窒素溶脱　154
沖積堆積物　7
沖積土　23
超集積植物　196, 167
地力　194, 195, 199
　——の維持・増進　114
地力窒素　172
地力低下　86
地力保全基本調査　199, 201

通気性　8
ツリガネニンジン　160

低環境負荷型の農業　182
停滞水成土　24
泥炭土　24
定点調査　199, 201
鉄アルミナ富化作用　44
鉄還元細菌　180
鉄鋼スラグ　143
鉄酸化細菌　48, 49, 180
鉄斑紋　24
テラス化　146
電荷　124
電荷発現　56
電子供与体　170, 180
電子受容体　170, 180
天然放射性核種　128

同形置換　56
透水性　8
凍土　176
ドクチャエフ　96
独立栄養細菌　17
都市土壌　28
土壌塩性化　21
土壌攪乱　27
土壌環境基礎調査　199
土壌鉱物　67
土壌材料　28
土壌修復　182

土壌侵食　145
土壌水分　92
土壌生成因子　2, 18, 34, 35, 40, 47, 159
土壌生成作用　18, 32, 33, 35, 42, 44, 45, 47
土壌生成分類学　32
土壌生態系保全機能　53
土壌洗浄法　137
土壌層位　32
土壌炭素隔離　77
土壌統　199
土壌凍結　176
土壌動物　10, 15
土壌特性　158
土壌の機能　52
土壌の酸性化　123
土壌の炭素貯留　114
土壌微生物　67
土壌微生物バイオマス　104
土壌肥沃度　90
土壌腐植含量　92
土壌への炭素貯留　111, 118
土壌保全 (土壌保障)　55, 146
土壌有機炭素　114
土壌有機物　67
土壌溶液　67, 129
土壌劣化　35
土性　8
共食い　175
トレードオフ　113, 120, 139

な行
内生細胞　165
中干し　112, 120
ナノワイヤー　181

二価鉄　180
ニガ土　78
二酸化硫黄 (SO_2)　47, 49
二酸化炭素 (CO_2)　110
二酸化炭素施肥効果　122
二次鉱物　37, 38, 39, 47
人間活動　25

索引

熱帯地域の土壌　100
粘土　6
　—の機械的移動　33, 34, 44
　—の水分吸収　72
粘土化　33
粘土鉱物　124
粘土集積層　21
粘土皮膜　45

農耕　5
嚢状体　169
ノストック　183

は行
配位結合　12
バイオ肥料　168
バイオマス　15
バイオレメディエーション　80
培養できない微生物　163
畑状態　118
バーティソル　21
ハーバー・ボッシュ法　94
ハルテリア　174
半乾燥熱帯　104

肥効調節型肥料　155
ヒストソル　19
微生物　10, 14
微生物活性　173
ヒ素　136
被覆作物　146
被覆植生栽培　101
被覆肥料　113
ヒューミン　12
肥沃度　60

ファイトエキストラクション　196, 197
ファイトレメディエーション　134, 137, 196
風化作用　32, 33
風食　145, 186, 187, 188, 189
風成塵　24, 97
富栄養化　63, 154

フェスカ，マックス　198
フェノール性水酸基　12
フェラルソル　148
腹毛動物　175
不耕起栽培　102, 114
腐植化　11, 43, 45
腐植集積作用　33, 34
腐植の分解　33
腐植物質　11
物理的風化　38, 39, 44
フミン酸　11
プライミング効果　122
プール　66
フルボ酸　11
フレイド・エッジ・サイト　125
フロー　66
分解機能　53
分子環境土壌学　141

ペドロジー　32
ヘマタイト　23
変異荷電　56
変異荷電特性　26
扁形動物　175
変成岩　37
ベンチ/リッジテラス　103
鞭毛虫　174

放射光　140
放射性セシウム (Cs)　124, 130, 134
膨潤性粘土鉱物　21
母材　2, 7
保水性　8
保水・透水機能　53
保水力　70
ホスファターゼ　106
ポドゾル　96
ポドゾル化　44
ポドゾル性土　22

ま行
マクロ団粒　74, 162

索　引

マスフロー　61
マメ科植物　168
マルチ　155
マルチ栽培　101
マルチング　146

ミクロ団粒　74, 162
ミジンコ　174
水保障　55
ミツバッチグリ　160

無機化　45
ムギネ酸　106
ムシレージ　107

メタン (CH_4)　110, 120
メタン生成アーキア　120

毛管現象　71
モデル　116
モデル化　116
モニタリング　116
モリソル　19, 21
盛土　159
門　166

や行
焼畑　190, 191, 192, 193

有害金属イオン　59
有害元素　140
有機酸　106
有機質土層　43

有機態窒素　172
有機物　10
有機物分解　149
有機-無機複合体　27
有性生殖　175
雪腐菌　176
ゆきわり (雪割)　177
ユードリナ　174

陽イオン交換容量 (CEC)　57, 61, 126
陽イオンの固定　58
溶存有機物　13
養分循環　66
葉面吸収　128

ら行
リグニン　11
リゾキシン　178
リター　149
リーニングクロップ　155
リモートセンシング　92
粒径　6
緑肥　90, 102, 114
輪作　146
リン酸　169
リン酸吸収係数　62
リン脂質脂肪酸　16

レス　97
連作障害　84

ローザムステッド・カーボン (Roth C)・モデル　116

土のひみつ —食料・環境・生命—	定価はカバーに表示

2015 年 9 月 10 日　初版第 1 刷
2021 年 4 月 25 日　　　第 4 刷

　　　　　　　　　　　　　編集者　日本土壌肥料学会
　　　　　　　　　　　　　　　　　「土のひみつ」編集グループ
　　　　　　　　　　　　　発行者　朝　倉　誠　造
　　　　　　　　　　　　　発行所　株式会社　朝　倉　書　店
　　　　　　　　　　　　　　　　　東京都新宿区新小川町 6-29
　　　　　　　　　　　　　　　　　郵便番号　162-8707
　　　　　　　　　　　　　　　　　電　話　03(3260)0141
　　　　　　　　　　　　　　　　　FAX　03(3260)0180
〈検印省略〉　　　　　　　　　　　http://www.asakura.co.jp

© 2015〈無断複写・転載を禁ず〉　　　　　　　中央印刷・渡辺製本

ISBN 978-4-254-40023-6　C 3061　　Printed in Japan

JCOPY ＜出版者著作権管理機構 委託出版物＞

本書の無断複写は著作権法上での例外を除き禁じられています．複写される場合は，そのつど事前に，出版者著作権管理機構（電話 03-5244-5088, FAX 03-5244-5089, e-mail: info@jcopy.or.jp）の許諾を得てください．

好評の事典・辞典・ハンドブック

火山の事典（第2版）　下鶴大輔ほか 編　B5判 592頁
津波の事典　首藤伸夫ほか 編　A5判 368頁
気象ハンドブック（第3版）　新田 尚ほか 編　B5判 1032頁
恐竜イラスト百科事典　小畠郁生 監訳　A4判 260頁
古生物学事典（第2版）　日本古生物学会 編　B5判 584頁
地理情報技術ハンドブック　高阪宏行 著　A5判 512頁
地理情報科学事典　地理情報システム学会 編　A5判 548頁
微生物の事典　渡邉 信ほか 編　B5判 752頁
植物の百科事典　石井龍一ほか 編　B5判 560頁
生物の事典　石原勝敏ほか 編　B5判 560頁
環境緑化の事典　日本緑化工学会 編　B5判 496頁
環境化学の事典　指宿堯嗣ほか 編　A5判 468頁
野生動物保護の事典　野生生物保護学会 編　B5判 792頁
昆虫学大事典　三橋 淳 編　B5判 1220頁
植物栄養・肥料の事典　植物栄養・肥料の事典編集委員会 編　A5判 720頁
農芸化学の事典　鈴木昭憲ほか 編　B5判 904頁
木の大百科［解説編］・［写真編］　平井信二 著　B5判 1208頁
果実の事典　杉浦 明ほか 編　A5判 636頁
きのこハンドブック　衣川堅二郎ほか 編　A5判 472頁
森林の百科　鈴木和夫ほか 編　A5判 756頁
水産大百科事典　水産総合研究センター 編　B5判 808頁

価格・概要等は小社ホームページをご覧ください．